AF466420

CONTRIBUTION A L'ÉTUDE

DE

L'ALGIDITÉ CENTRALE

PAR

Camille RADOUAN

Docteur en médecine de la Faculté de Paris,
Ancien élève de l'École du service de santé militaire de Strasbourg,
Aide-major stagiaire au Val-de-Grâce.

PARIS

GEORGES MASSON, ÉDITEUR

Librairie de l'Académie de médecine

PLACE DE L'ÉCOLE-DE-MÉDECINE

1873

CONTRIBUTION A L'ÉTUDE

DE

L'ALGIDITÉ CENTRALE

L'importance des recherches thermométriques n'est plus discutable aujourd'hui. Des résultats que l'on n'aurait osé espérer sont venus démontrer aux moins clairvoyants l'utilité, non-seulement scientifique, mais réellement pratique, de l'importation du thermomètre dans la clinique. La précision du diagnostic et la sûreté du pronostic sont dues souvent à l'examen de la température du corps. Ce sont là aujourd'hui des faits vulgaires.

Mais il est remarquable que presque tous les efforts se soient dirigés dans le même sens. Et, tandis, en effet, que l'élévation de la température était l'objet de nombreux travaux, l'abaissement de la chaleur centrale n'était indiqué qu'incidemment dans le cours de ces publications.

M. Charcot combla cette lacune. En 1869, à l'hospice de la Salpêtrière, il consacra une leçon clinique à l'étude de l'*algidité centrale*(1). C'est l'expression qu'il proposa pour désigner l'abaissement de la température centrale au-dessous du chiffre normal. Ce travail est basé sur les nombreuses observations thermométriques que, depuis 1863, M. Charcot recueillait journellement dans son service. Depuis cette époque, M. Bourneville, l'un de ses élèves, a démontré

(1) Gazette hebdomadaire, 1869.

que dans l'urémie il y a constamment un abaissement de la chaleur du corps(1). Nous devions signaler, entre toutes, ces deux publications auxquelles nous avons fait de larges emprunts.

Le sujet de cette thèse nous a été suggéré par M. le professeur Charcot. La tâche était difficile, et nous n'aurions pas eu la témérité de l'entreprendre si nous avions été abondonné à nos propres forces. Puisse notre travail ne pas être trop indigne de la bienveillance de ce maître.

Nous devons aussi témoigner notre gratitude à M. Parrot qui nous a fort obligeamment fourni, sur la pathologie de la première enfance, des renseignements très-utiles.

Nous remercions enfin M. Joffroy, élève de M. Charcot, de l'aide qu'il nous a prêtée.

(1) Etudes cliniques et thermométriques, sur les maladies du système nerveux, 1873.

CHAPITRE PREMIER.

ACTION DU FROID EXTÉRIEUR SUR LA TEMPÉRATURE CENTRALE.

La température de l'homme sain présente des variations assez considérables dans les portions périphériques du corps. Ces changements dépendent de conditions multiples, telles que le degré de chaleur de l'air ambiant, son état hygrométrique, la présence ou l'absence de vêtements, etc.; en un mot, ces changements sont tout d'abord sous la dépendance des circonstances qui favorisent ou qui diminuent l'activité du phénomène du rayonnement de la chaleur. Mais, à côté de ces conditions extérieures, il faut placer celles qui résident à l'intérieur de l'organisme et d'où dépend la production plus ou moins considérable de calorique et sa répartition plus ou moins rapide dans toutes les parties de l'économie. Les changements moléculaires et tous les actes chimiques qui constituent d'une manière générale les phénomènes de la nutrition, sont la source principale du calorique, l'activité plus ou moins grande de la circulation sanguine tend à la répartir uniformément dans toutes les parties du corps. Quant à la respiration, c'est une fonction complexe dans laquelle il y a à considérer des phénomènes d'ordre purement physique et des phénomènes d'ordre chimique. Les premiers seront une source de refroidissement d'autant plus considérable que l'air inspiré sera plus froid et que le sang, arrivant du cœur droit dans les poumons, sera plus chaud, c'est-à-dire que la température centrale sera plus élevée. On sait aussi que le travail mécanique absorbe une certaine quantité de chaleur.

Ces deux phénomènes, production de chaleur à l'intérieur de l'organisme et déperdition ou transformation de la chaleur, sont intimement liés l'un à l'autre, à ce point que l'on peut dire, dans le style pittoresque de M. le professeur Lorain, que le tégument externe est le régulateur de la chaleur centrale. Quelles sont, en effet, les modifications produites dans le taux de la chaleur centrale par les variations thermiques de l'air ambiant? *A priori* il semblerait qu'elles doivent être considérables, et que, par exemple, chez l'homme exposé au froid, le degré de la température centrale diminuera par suite du rayonnement qui se fait sur toute la surface de la peau et surtout par le contact continuel d'un air froid introduit, à chaque inspiration, jusqu'au fond des ramifications bronchiques. On serait porté également à penser, qu'exposé à une température très-élevée, l'homme sain éprouvera une augmentation de la chaleur centrale. Il n'en est rien cependant. A l'état de santé, l'homme vit dans les climats les plus chauds et les plus froids sans que le degré de la température centrale soit sensiblement modifié. Sur toute la surface du globe, cette température centrale est de 37 à 38°.

Nous ne voulons pas ici indiquer les moyens employés par notre organisme pour arriver à ce résultat. Nous renvoyons le lecteur aux *Traités de physiologie*, où l'on verra que la circulation dans les portions périphériques du corps peut être activée ou ralentie par suite de la dilatation ou du resserrement des vaisseaux sanguins. On y verra aussi le rôle si utile de l'évaporation de la sueur produisant un refroidissement très-rapide. Mais ces deux mécanismes différents qui s'opposent, l'un à un refroidissement trop brusque, l'autre à une élévation de la température du corps, ne suffiraient pas toujours pour maintenir l'équilibre entre la production et la dépense de calorique. Il est indispensable que cette production de calorique augmente ou diminue suivant les cas. Les actes chimiques et les changements moléculaires qui constituent la nutrition doivent être plus actifs lorsque la déperdition est plus rapide, lorsque le corps de l'homme est exposé à une température plus basse. De là les modifications du régime alimentaire en rapport avec le climat. Chacun sait, en effet, que les habitants des régions polaires prennent, d'une part, une nourriture plus abondante que ceux des pays chauds, et, qu'en outre, ces aliments sont choisis, en grande partie, parmi ceux qui sont les plus riches en carbone et en hydrogène, c'est-à-dire qui renferment le plus de matériaux propres à la combustion. Dans les pays chauds, au contraire, on fait surtout usage d'aliments riches en azote, donnant lieu à une combustion d'une intensité moins grande.

C'est ainsi que l'on s'explique comment, dans leurs expéditions polaires, les capitaines Ross et Parry (1) ont été soumis sans accident à des températures de —39° Réaumur. D'ailleurs Delisle a vu, en 1738 (2), à Kiringa, en Sibérie, les hommes et les animaux supporter assez bien un froid de —70° centigrades.

Est-ce à dire pour cela que le froid extérieur ne puisse être cause de l'abaissement de la température centrale? Telle n'est pas notre pensée, telle n'est pas la déduction qui découle des faits dont nous allons maintenant parler.

Nous venons de voir que chez l'homme sain la température centrale se maintient à un niveau constant par l'équilibre qui s'établit continuellement entre la production et la dépense du calorique. Chaque fois donc que la dépense sera considérable et que la production ne se trouvera pas augmentée dans les mêmes proportions, l'équilibre sera rompu, la température s'abaissera au-dessous du taux normal, il y aura, en un mot, *algidité centrale.*

(1) Thèse de Paris, 1855. De l'influence du froid sur l'économie, par Lair.
(2) Lair, loc. cit.

Des conditions multiples peuvent conduire à ce résultat : sous l'influence de fatigues excessives, de la misère, de préoccupations morales, de la nostalgie, la nutrition se trouve modifiée, les échanges nutritifs sont moins actifs, et l'organisme se trouve dans une de ces conditions fâcheuses où la production de chaleur est limitée. Qu'alors intervienne une cause de refroidissement telle qu'une basse température de l'air extérieur, et la dépense l'emportera sur la production.

C'est ici l'occasion de rappeler le terrible épisode de la campagne de Russie, dont l'illustre Larrey s'est fait l'éloquent et véridique historien : là, nous voyons des soldats fatigués par de longues marches, vivant dans la plus grande misère, loin de leur pays natal et au milieu d'un climat exceptionnellement rigoureux, nous les voyons devenir incapables de résister à tant de privations et succomber par milliers. Seuls, ceux qui ne laissaient que peu de prise à la demoralisation ont pu revenir sains et saufs de cette retraite désastreuse. « Malheur à celui qui se laissait saisir par le sommeil ! Quelques minutes suffisaient pour le geler entièrement, et il restait mort à la place où il s'était endormi. La mort de ces infortunés était dénoncée par la pâleur du visage, par une sorte d'idiotisme, par la difficulté de parler, par la faiblesse de la vue, et même par la perte totale de ce sens (1). »

Nous pensons que ce sont là des exemples de mort déterminée par l'algidité centrale ; mais nous reconnaissons que la preuve nous manque pour l'établir d'une façon irréfutable. Nous nous empressons cependant de résumer une note intéressante, communiquée à la Société de Biologie par M. Hanot, interne distingué des hôpitaux ; on y trouvera une confirmation apportée à notre hypothèse.

M. Hanot appela, en effet, l'attention sur les troubles

(1) Mémoires de Larrey. Campagne de Russie.

intellectuels qu'il avait observés dans les derniers jours de la vie de trois malades atteints de cancer de l'estomac, et qui succombaient dans l'inanition, avec une diminution considérable de la chaleur du corps. La température dans le premier cas descendit jusqu'à 36° c. et jusqu'à 34° c. dans les deux autres. Ces trois malades présentèrent un délire, caractérisé principalement par une satisfaction niaise et de de l'hébétude. M. Hanot pense qu'il y a de l'analogie entre ce délire se produisant chez des sujets mourant d'inanition, avec une température basse, et le délire observé par les différent auteurs, Larrey entre autres, chez des individus qui succombent lentement au froid et qui, selon l'expression de Larrey, sont frappés d'une sorte « d'idiotie. »

Nous reproduisons enfin une observation de M. Bourneville, dans laquelle on voit l'action du froid extérieur déterminer la mort, avec algidité centrale chez un homme en proie à de pénibles préoccupations.

Obs. I. — Exemple d'abaissement considérable de la température rectale chez un homme exposé au froid extérieur. Par M. Bourneville (1).

Bancar (Isidore), 45 ans, menuisier, est entré le 2 janvier 1871 à l'hôpital de la Pitié, salle Athanase, n° 28 (service de M. Marrotte). Au dire des personnes qui l'ont apporté, il aurait été trouvé, couché tout nu, sur le parquet de sa chambre, dont la fenêtre était ouverte.

Au moment de l'admission (onze heures du soir), nous avons constaté en premier lieu un refroidissement considérable, non-seulement des extrémités supérieures et inférieures et du nez, mais encore de toute la surface du corps. Il y avait sur les membres et sur le tronc un très-grand nombre de petites plaies, d'ailleurs insignifiantes, en ce sens qu'elles étaient superficielles et n'avaient pu donner issue qu'à quelques gouttes de sang.

Le pouls était imperceptible aux radiales; à l'auscultation du cœur on ne percevait qu'un seul bruit, sourd, se reproduisant parfois avec lenteur, d'autres fois avec rapidité. On comptait 24 inspirations à la minute. La température rectale était 27°4. Comme ce chiffre nous paraissait tout à fait extraordinaire nous avons laissé le thermomètre en place durant dix minutes

(1) Compte rendu des séances de la société de Biologie. 15 avril 1871.

sans remarquer le moindre changement. De plus nous nous sommes assuré qu'il n'était pas défectueux en le comparant avec deux autres thermomètres.

Outre les phénomènes précédents, on notait encore une déviation légère de la face et des yeux vers la gauche, une injection de la conjonctive oculaire suivant le grand axe de l'organe, une contraction des pupilles, enfin une contracture des membres supérieurs, sans qu'il y eût de paralysie appréciable.

Des boules remplies d'eau chaude furent placées aux pieds du malade et sous ses aisselles ; des alèzes chaudes furent mises sur la poitrine et sur le ventre ; des sinapismes furent appliqués sur les mollets et sur les cuisses. Enfin on fit boire au malade, avec quelque difficulté, du vin chaud et sucré.

Deux heures plus tard (une heure du matin) la température rectale était à 28°2, la respiration à 28. Nous fîmes alors renouveler les moyens déjà employés.

En dépit des précautions prises, ce malheureux succomba le 3 janvier, à huit heures et demie. La température rectale, cinq minutes après la mort, était à 36°2, à onze heures, bien que le cadavre fût resté dans le lit, elle était déjà descendue à 34°5.

Autopsie le 4 janvier. On trouva une assez grande quantité de liquide céphalo-rachidien. Le cerveau et ses membranes, les poumons, le cœur, les reins etc., n'offrent pas de lésions appréciables à l'œil nu.

Comme le fait remarquer M. Bourneville, on ne peut pas invoquer, au point de vue étiologique, des accidents urémiques, puisque les reins etaient sains, qu'il n'y avait pas d'œdème des mains et des pieds, etc. On ne peut pas plus chercher la cause des phénomènes dans l'alcoolisme, car les renseignements demandés aux voisins de Bancar ont démontré que ce dernier ne faisait jamais le moindre excès de boisson, et ce jour là pas plus que les autres. Seulement, depuis qu'on avait voulu l'incorporer dans les bataillons de la garde nationale, il s'était produit chez lui un changement de caractère très-marqué, à tel point qu'on le considérait comme ayant le « cerveau dérangé. »

Aussi nous croyons, avec M. Bourneville, que l'abaissement de température était dû, dans ce cas, à l'action du froid extérieur très-intense, qui existait à cette époque, action favorisée par la dépression antérieure du système nerveux.

Il y a lieu de rapprocher des faits précédents l'abaissement de la température centrale, produit par l'immersion prolongée du corps dans l'eau froide. — Ici les conditions ne sont plus les mêmes que celles qui existent pour les habitants des pays froids. — Le corps étant à une température normale est mis subitement en contact, dans presque toute son étendue, avec un corps froid et bon conducteurde la chaleur. Il en résulte immédiatement une déperdition d'autant plus considérable que l'eau sera plus froide. Sans doute les vaisseaux de la peau commenceront par se contracter, et la circulation périphérique se trouvant ainsi diminuée la masse du sang se refroidira moins vite. Mais bientôt à cette contraction des vaisseaux succédera leur dilatation exagérée, la peau deviendra rouge, et alors les pertes de chaleur seront énormes. On ne sait pas si, dans ces circonstances, la production de la chaleur à l'intérieur du corps est augmentée, si l'urée est excrétée en plus grande quantité, si l'exhalation de l'acide carbonique est plus considérable; ce serait là le même phénomène que nous signalions plus haut chez les habitants des régions polaires, chez lesquels les combustions organiques sont très-actives. Quoi qu'il en soit, la dépense l'emporte sur la production, et la température centrale s'abaisse.

C'est principalement sur des sujets atteints de fièvre que l'on a pu constater ce fait, et en particulier dans la fièvre typhoïde, pour laquelle les bains froids constituent une médication fort usitée dans certains pays. Nous ne citerons ici qu'un seul exemple, emprunté à Wunderlich. Au douzième jour d'une fièvre typhoïde, il ordonne un bain à 18° c. pendant vingt minutes, la température centrale qui était à 40°, descend immédiatement à 39°, 1.

Il en est de même à l'état de santé. Mais il est à remarquer qu'à l'état pathologique ce n'est là qu'un abaissement temporaire, et nous sommes porté à croire qu'il serait peut-être encore plus fugace en dehors de toute condition morbide.

On consultera avec fruit le résultat des expériences de Currie (1) sur les sujets sains et sur des sujets malades plongés dans les bains à la température de 4, 5 et 6° c.

Malheureusement la température ne fut prise que dans la bouche, et les chiffres obtenus ne donnent pas la mesure de l'abaissement de la chaleur centrale. La chaleur buccale n'est qu'un intermédiaire peu précis entre la température centrale et la température périphérique. Toutefois nous ne croyons pas forcer les conclusions en admettant qu'une action brusque et intense du froid, comme celle produite par l'immersion dans un bain à 5° produit immédiatement un abaissement notable de la chaleur centrale, qui pourrait, si on la maintenait longtemps, créer un danger de mort.

L'organisme, en effet, fait un effort immédiat pour résister à l'abaissement de la température, mais il s'épuise rapidement dans cette lutte inégale, et alors la production de chaleur semble anéantie.

Ainsi Currie, expérimentant sur des jeunes gens dont la température buccale était de 37° c. environ, les mit dans un bain à 6° c. — Au bout de deux minutes, la température tombait de 37° à 31 ou 32°, pour remonter au bout de quatre minutes à 34 ou 35°. On voit nettement dans ces expériences l'effort de l'organisme ; dans la suivante, empruntée au même auteur, on constate l'épuisement de la source de chaleur organique succédant à cet effort. Au bout de trente-cinq minutes, le thermomètre marquant 29° c.; le sujet fut retiré du bassin à 4°5 c, pour être placé dans un autre à plus de 42° c, et il ne lui fallut pas moins de vingt minutes pour recouvrer sa chaleur primitive.

Il résulte de ce qui précède que la température du corps

(1) Medical Reports on the Effects of Water cold and warum, etc. London, 1805, t. I.

de l'homme ne descend au-dessous du taux normal, lorsqu'il est exposé à une basse température, que dans certaines conditions : 1° lorsque la production de calorique est diminuée sous l'influence de causes qui mettent l'économie dans de mauvaises conditions, telles que la misère, la fatigue, la nostalgie, etc. ; 2° lorsque la déperdition de calorique est considérable et se fait très-rapidement, sous l'influence d'un bain froid, par exemple.

CHAPITRE II

II. Abaissement de la température centrale produit par l'ascension sur les hautes montagnes.

Nous avons insisté dans le chapitre précédent sur l'équilibre qui se maintient continuellement, à l'état normal, entre la production et la dépense du calorique, et nous avons signalé des conditions dans lesquelles le rayonnement de la chaleur étant trop considérable, la température centrale du corps s'abaissait au-dessous du chiffre physiologique. On peut arriver au même résultat par suite de la transformation de la chaleur en force mécanique. C'est ce qui résulte des observations si intéressantes, faites en 1869 par M. Lartet, et présentées à l'Académie des sciences au mois de septembre de la même année (1). A deux reprises, il fit l'ascension du Mont-Blanc et put constater de nouveau les effets connus de ces excursions à de grandes hauteurs, entre autres l'abaissement de la température du corps. Cherchant à expliquer ce phénomène, il en donne l'explication suivante que nous croyons devoir reproduire :

« D'où provient cet abaissement de température? A l'état de repos, et à jeun, l'homme brûle les matériaux de son sang, et la chaleur développée est employée tout entière à maintenir sa température constante au milieu des variations de l'atmosphère. En plaine, et par des efforts mé-

(1) Bulletin de l'Académie des sciences, 1869.

caniques, l'intensité des combustions respiratoires, comme l'a démontré M. Gavarret, augmente proportionnellement à la dépense des forces. Il y a transformation de chaleur en force mécanique; mais, à cause de la densité de l'air et de la quantité d'oxygène inspiré, il y a assez de chaleur formée pour subvenir à cette dépense. Dans la montagne, au contraire, surtout à de grandes altitudes et sur les pentes neigeuses très-raides, où le travail mécanique de l'ascension est considérable, il faut une quantité de chaleur énorme pour être transformée en force musculaire. Cette dépense de force *use plus de chaleur* que l'organisme ne peut en fournir; de là un refroidissement sensible du corps, et les haltes fréquentes qu'on est obligé de faire pour le *réchauffer*. Quoique le corps soit brûlant, quoiqu'il soit souvent tout en transpiration, il se refroidit en montant, parce qu'il use trop de chaleur, et que la combustion respiratoire ne peut en fournir une quantité suffisante, à cause du peu de densité de l'air. Cette raréfaction de l'air fait qu'à chaque inspiration, il entre moins d'oxygène dans les poumons dans un lieu élevé que dans la plaine. La rapidité de la circulation est encore une cause de refroidissement, le sang n'ayant pas le temps de s'oxygéner convenablement. A une grande hauteur, comme l'a remarqué M. Gavarret, les mouvements respiratoires et circulatoires s'accélèrent non-seulement pour rendre possible l'absorption d'une quantité d'oxygène convenable, mais aussi pour débarrasser le sang de l'acide carbonique dissous. Mais cette exhalation gazeuse, bien que très-active, n'est plus suffisante pour maintenir la composition normale du sang, qui reste sursaturé d'acide carbonique, de là la céphalalgie occipitale, les nausées, une *somnolence souvent irrésistible*, et un refroidissement encore plus considérable, qui atteignent ordinairement voyageurs et guides, à partir de 4000 ou 4500 mètres d'altitude. »

Il me semble donc que c'est dans ce refroidissement

considérable du corps et probablement aussi dans la viciation du sang par l'acide carbonique que l'on doit chercher l'explication de ce malaise spécial connu sous le nom de mal des montagnes.

Nous admettons avec M. Lartet que la cause du refroidissement est dans la production insuffisante du calorique qui n'est plus proportionné à la dépense. C'est ce que confirme un fait bien observé par les guides. Ayant remarqué que les accidents du mal des montagnes se produisent avec moins de rapidité et moins d'intensité pendant le travail de la digestion, ils ont pris l'habitude de faire manger les voyageurs toutes les deux heures environ. L'absorption intestinale se fait alors avec une grande rapidité et fournit ainsi à l'économie des matériaux de combustion. On peut même aller plus loin, et nous pensons que les aliments riches en carbone et en oxygène doivent s'opposer encore plus activement au refroidissement du corps que les matières azotées. Nous ne savons pas toutefois si cette distinction a été faite.

Par analogie, on peut se demander si un exercice musculaire très-violent et prolongé ne pourrait pas, par une basse température, se traduire également par un refroidissement central, en dehors des conditions d'altitude où se trouvait M. Lartet pour faire ses observations. Ces recherches seraient faciles à faire, soit sur des chevaux de course, soit sur des chiens dans une chasse à courre. Mais les deux conditions d'exercice très-violent et de basse température extérieure sont indispensables, car autrement ce serait une élévation légère de la température centrale que l'on observerait.

A l'appui de l'explication donnée par M. Lartet, on doit rappeler les recherches antérieures faites par MM. Charcot et Bouchard (1). Frappés de la différence de température

(1) Sur les variations de la température centrale qui s'observent dans certaines affections convulsives, et sur la distinction qui doit être établie

qui existe chez des malades atteints de convulsions, ces auteurs ont pensé que l'élévation de la chaleur centrale s'observait dans les cas de convulsions toniques et que l'abaissement se montrait dans les cas de convulsions cloniques,«la contraction ne s'accompagnant pas de travail mécanique produit de la chaleur, et cette chaleur se communique du muscle au sang qui le traverse. » Au contraire, lorsque la contraction musculaire se traduit par des convulsions cloniques, la chaleur produite dans les muscles est transformée sur place en mouvement et n'échauffe plus le sang. De là l'élévation de la température dans le tétanos, dans les convulsions épileptiques, etc., et le maintien de la température à son taux normal dans la chorée, la paralysie agitante, etc. Outre ces faits cliniques, on trouve dans ce travail la relation d'expériences faites sur des animaux en déterminant des convulsions toniques ou cloniques, soit par l'injection sous-cutanée de sulfate de strychnine ou d'extrait de fève de Calabar, soit par l'application d'un courant induit sur la moelle épinière.

MM. Charcot et Bouchard terminent leur travail comme il suit : « Ces expériences tendent à démontrer que les convulsions toniques générales, provoquées soit par l'action de la strychine, soit sous l'influence de la faradisation, s'accompagnent presque immédiatement d'une élévation notable de la température centrale; celle-ci, au contraire, n'est pas affectée d'une manière appréciable lorsque les mêmes agents produisent des convulsions cloniques. » Citons, pour terminer ce chapitre, et pour résumer la théorie qui s'y trouve développée, la phrase suivante de M. P. Bert : « La température d'un animal représente la partie libre de l'excès du calorique produit sur le calorique dépensé. »

à ce point de vue entre les convulsions toniques et les convulsions cloniques; par MM. J. Charcot, et Ch. Bouchard. — Société de Biologie, 1866, p. 112.

CHAPITRE III.

Abaissement de la température centrale produit par l'inanition.

On peut définir l'inanition : un trouble profond du mouvement nutritif de l'organisme, lié à une alimentation insuffisante.

La privation d'aliments détermine un état misérable de l'économie, dont le développement est plus fréquent et plus rapide dans la première enfance que dans les autres âges. La faiblesse avec laquelle réagit l'organisme des nouveau-nés contre les influences malfaisantes, telles que l'insuffisance de la nourriture, le froid, etc., est un fait aujourd'hui bien connu et qui a été mis en lumière principalement par les expériences de Chossat (1) par la plupart des auteurs qui se sont occupés de la pathologie infantile, et tout récemment par les recherches de M. Parrot (2). Les jeunes animaux soumis à l'abstinence meurent plus vite que des animaux adultes. Chez les enfants du premier âge, l'inanition se développe aussi plus facilement que chez l'adulte. En effet, les affections qui les atteignent le plus fréquemment, à savoir : la diarrhée, le muguet, l'œdème, l'érysipèle, etc., aboutissent, pour peu que leur durée soit longue, à l'état morbide que M. Parrot a qualifié d'athrepsie, et cela se comprend aisément quand on songe qu'elles entravent l'alimentation. Or celle-ci ne peut être enrayée, chez eux, d'une manière un peu sérieuse, sans qu'il en résulte aussitôt une perturbation nutritive des plus graves comme l'a surabondamment démontré l'observateur que nous venons de citer.

Il importe de remarquer que, dans les expériences de

(1) Recherches expérimentales sur l'inanition, in Mémoire des savants étrangers, 1843, t. VIII.

(2) Voir en particulier : Etude sur l'encéphalopathie urémique et le tétanos des nouveau-nés, in Archives de Médecine, 1872.

Chossat, comme dans les observations de M. Parrot, il s'agit, d'un côté, de jeunes animaux n'ayant que quelques jours, et de l'autre, de petits enfants n'ayant que quelques semaines. Chossat a noté que, lorsque les animaux qu'il mettait en expérience avaient moins de quinze jours, l'inanition se produisait très-vite, et que si on les exposait au froid, ils se refroidissaient avec une très-grande rapidité. Il n'en était pas de même lorsque les animaux avaient dépassé ce premier âge, les phénomènes observés chez eux se rapprochaient au contraire de ceux que l'on pouvait déterminer de la même manière chez les animaux adultes. Pour donner une idée de l'importance de cette distinction entre le premier âge et l'âge adulte, rapportons l'expérience suivante de Chossat. Il plonge dans un vase à $+4^{\circ}$ c. des oiseaux ayant moins de quinze jours et d'autres adultes. Au bout d'une heure environ les premiers s'étaient refroidis de 15°, tandis que les autres ne s'étaient refroidis que de 3°. Citons encore le résultat suivant : les animaux adultes sur lesquels il expérimentait vivaient de 12 à 15 jours sans nourriture, tandis que la mort survenait en 3 jours chez les animaux âgés de moins de deux semaines. Chez les enfants, la durée de la première enfance doit être évaluée à six semaines environ, d'après M. Parrot. C'est ce qui ressort de son observation.

Dans cette période, les maladies les plus variées revêtent toutes une forme commune que l'on pourrait appeler : forme athrepsique, et l'inanition est leur aboutissant commun, tandis que passé cet âge, les enfants retombent dans la loi commune, les affections qui les atteignent produisent chez eux des phénomènes assez comparables à ceux qu'elles détermineraient chez l'adulte.

Il résulte de là que l'inanition et ses conséquences se rencontrent fréquemment dans les premiers temps de la vie, tandis que plus tard ce n'est que rarement qu'on l'observe.

Quoi qu'il en soit, et de sa fréquence et de son mode de production, l'inanition se traduit toujours par un abaissement plus ou moins marqué de la température et qui non-seulement semble indiquer d'une façon précise le degré d'épuisement des forces organiques, mais encore constitue par lui-même une cause de mort (Chossat).

Nous allons maintenant passer successivement en revue les différentes affections dans lesquelles l'abaissement de la température centrale a été observé et peut être rapporté à l'inanition. Nous commencerons par les maladies de la première enfance :

1° *Maladies de la première enfance*

Au-dessous de six semaines, comme on l'avu, l'algidité centrale est un phénomène des plus fréquents chez l'enfant malade. Son explication doit être cherchée dans l'inanition, terme commun, pour ainsi dire, de la pathologie de cet âge. Alors, en effet, des causes diverses telles que l'encombrement, des conditions insalubres, une nourriture insuffisante ou grossière, etc., viennent-elles à agir sur l'enfant, c'est sur le tube digestif le plus souvent qu'elle font sentir leur action. « Elles altèrent profondément ses fonctions, et ce premier choc porté à l'organisme est la source d'une série de troubles qui apparaissent bientôt et se multiplient en s'aggravant. L'enfant rejette par les vomissements une partie de ce qu'il a ingéré ; le reste est rendu par les garde-robes, incomplètement élaboré ; aussi, ne tirant plus de ses aliments qu'une quantité très-insuffisante de matériaux réparateurs, il ne tarde pas à vivre en quelque sorte sur lui-même, et son poids, loin de s'accroître, diminue très-rapidement.

« Cette perturbation considérable des phénomènes nutritifs s'accuse par un amaigrissement profond et par une dessiccation de la peau et des muqueuses visibles.

« Tel est le point de départ d'une série très-complexe

de troubles fonctionnels et de lésions viscérales, s'enchaînant dans un grand processus qui tient le premier rang dans la pathologie des nouveau-nés...... C'est bien là, en effet, une maladie, et, pour consacrer son importance, nous avons cru devoir lui imposer un nom, celui d'athrepsie, de α privatif et θρεψις, action de nourrir, d'entretenir, parce que le fait capital, dans le processus morbide que nous voulons qualifier par ce terme est un défaut de nutrition (1). »

En somme, ce sont là des conditions spéciales qui amènent le petit malade à ce que nous avons précédemment désigné sous le nom de dépression nerveuse; seulement, dans les premiers cas que nous examinions alors, cet état était dû à la fatigue, à la misère, à des impressions morales pénibles, tandis qu'ici il est produit par l'inanition. Le résultat est le même, il n'y a de changé que le chemin parcouru pour y arriver.

Œdème des nouveau-nés. — De toutes les affections qui atteignent le nouveau-né, l'œdème dur est la plus favorable à la production de l'algidité centrale. Mais avant d'entrer dans les détails relatifs à ce point de vue, il convient d'examiner brièvement quelle est la nature du sclérème et quelles sont les circonstances qui favorisent son développement. Les opinions les plus diverses ont été émises sur ce point; mais il nous semble juste de nous ranger à celles adoptées par plusieurs auteurs, notamment Valleix et M. Roger, qui font intervenir en première ligne la débilité congénitale ou acquise. C'est sur les enfants nés avant terme, ou sur ceux qui sont nés chétifs que la maladie se développe. De sorte que la condition d'inanition se trouve en réalité être la véritable cause de la sensibilité au froid présentée par ces petits êtres. Nous parlons ici de la sensibilité au froid, c'est qu'en effet le froid est une circonstance

(1) Parrot, loc. cit., p. 35.

étiologique indispensable. Que l'organisme produise de moins en moins de calorique, cela ne suffira pas pour refroidir le corps. Il faut qu'il soit dépouillé de sa chaleur et que celle-ci ne soit pas remplacée. Aussi est-ce toujours dans la saison froide que l'œdème sévit sur les nouveau-nés, ou bien encore dans certains pays chauds où les nuits sont exceptionnellement froides.

On s'est demandé lequel des deux signes suivants : algidité central et œdème, se développait le premier? Il nous semble que ce sont là deux manifestations différentes d'un même état général et que leur développement se fait sensiblement d'une manière parallèle. Ces deux symptômes se montreront du reste avec d'autant plus de rapidité et d'intensité que d'une part l'enfant sera chétif et que d'autre part la température extérieure sera plus basse. C'est elle en effet qui marque le minimum que n'atteindra pas l'abaissement de la chaleur du corps. Celle-ci sera toujours plus élevée de 5° c. environ que celle de l'air ambiant dans lequel se trouve l'enfant. M. Roger cite un cas où cette différence ne fut que de 3° c.

Le refroidissement du corps est tellement considérable dans le sclérème qu'il a été remarqué depuis longtemps par les médecins. En 1788, Auvity, cité par Roger, écrivait dans les Mémoires de la Société royale de médecine les lignes suivantes : « Excepté le thorax, qui conserve encore quelque chose de la chaleur naturelle, toutes les parties de l'enfant, dans cet état, sont froides, surtout celles qui sont endurcies; si on l'approche du feu, il acquiert, comme un corps inanimé, un léger degré de chaleur, qu'il perd de même dès qu'il est éloigné. » Valleix s'étend aussi sur le même sujet. Mais c'est principalement à M. Roger que l'on doit des études précises sur ce point (1).

(1) Archives générales de Médecine, 1844 et 1845, Recherches sur la température des enfants.

Dans toutes ses expériences, la température était prise dans le creux de l'aisselle, mais elles se trouvent complètement confirmées par les recherches de M. Parrot, qui a pu répéter ces expériences sur un grand nombre d'enfants à l'Hospice des Enfants-Assistés, et qui a toujours pris la température dans le rectum.

Les chiffres que l'on observe le plus habituellement sont ceux de 33°, de 30°; assez fréquemment encore on observe des températures de 28° ou de 25°, tandis qu'il est plus rare de rencontrer les températures vraiment incroyables de 23° ou de 22°. La température la plus basse notée dans ces circonstances, est de 21° c., 8'. Elle a été recueillie par M. Parrot sur un enfant de trois jours, quelque temps avant la mort.

Le degré de la température centrale ne paraît pas influencé par les complications qui peuvent survenir. Sans adopter l'opinion ancienne, qui voyait fréquemment des pneumonies chez ces sujets, là ou une anatomie pathologique plus sévère a montré qu'il n'y avait que de la congestion, nous pouvons invoquer des cas, rares à la vérité, où il existait incontestablement des noyaux d'induration dans le parenchyme pulmonaire. L'algidité centrale ne cessait pas pour cela d'être considérable.

La courbe thermométrique dans l'œdème algide du nouveau-né est caractérisée par une descente continuelle. Dans les cas où la guérison survient, la courbe se relève jusqu'à son niveau normal.

Au point de vue clinique, l'exploration thermométrique a ici une importance sur laquelle il n'est guère nécessaire d'insister. Car mesurer le refroidissement c'est mesurer le degré de l'inanition, et suivant le résultat obtenu on peut abandonner tout espoir de guérison ou au contraire prévoir le succès d'une thérapeutique bien dirigée. En tous cas, lorsque la courbe thermométrique cessera de descendre pour remonter, ce sera un signe des plus favorables, mais il ne faudra plus espérer cette heureuse modification lorsque le thermomètre sera descendu au-dessous de 32° c. M. Roger n'a vu que deux fois la guérison survenir après un tel abaissement ; chez l'un des deux nouveau-nés il avait observé une tempéra ure axillaire de 33° c. et chez l'autre de 32°,5 c.

Encéphalopathie urémique des nouveau-nés. — Les recherches entreprises sur l'œdème des nouveau-nés ne sont pas encore assez avancées pour nous permettre de nous étendre davantage sur ce sujet. Il est incontestable que ces enfants sont atteints d'inanition, mais cela ne suffit pas à expliquer le degré auquel descend leur température centrale, car on va voir qu'elle ne s'abaisse jamais autant chez d'autres nouveau-nés, également athrepsiés, mais non atteint d'œdème.

Nous avons cité précédemment en parlant de l'inanition, quelques lignes empruntées à M. Parrot, dans lesquelles cet auteur signale la facilité avec laquelle les affections des voies digestives conduisaient les nouveau-nés à un état de déchéance de l'économie, qu'il qualifie d'*athrepsie*. Quand il existe, tous les organes souffrent ; mais les altérations qui se développent dans quelques-uns d'entre eux donnent lieu secondairement à des phénomènes symptomatiques de la plus grande importance. Tout d'abord, remarquons que le sang chez cet enfant privé de nourriture, non-seulement, ne peut plus se réparer, mais encore qu'il reçoit constamment les déchets provenant de la nutrition des tissus, l'urée, les acides urique et hippurique, la créatinine, etc. Ajoutons à cette altération du sang des altérations du parenchyme rénal, amenant la suppression de l'uropoïèse, et nous comprendrons pourquoi M. Parrot a étudié sous le titre d'*encéphalopathie urémique* (1) (ουρον

(1) Etude sur l'encéphalopathie urémique et le tétanos des nouveau-nés. Archives de Médecine, 1872.

urine et αιμα, sang) les accidents comateux et convulsifs qui se développent alors.

Dans toutes les observations de ce genre il se produit un abaissement de température assez notable. Celle-ci descend jusqu'à 35°, 33° et même 32° c.; mais ce dernier chiffre est bien rare et peut être considéré comme une limite. Ces chiffres, comme on le voit, sont bien supérieurs à ceux que l'on trouve dans l'œdème dur.

L'explication de cet abaissement du chiffre thermométrique n'est pas facile à trouver, en raison de la complexité de la situation. A côté de l'inanition se trouve l'intoxication du sang résultant de l'altération des reins. Les éléments de l'urine ne sont plus séparés du sang, il y a urémie. Sans aucun doute l'inanition joue le principal rôle dans cette production de l'algidité centrale, mais l'intoxication du sang n'agit-elle pas dans le même sens? C'est ce que nous ne pouvons dire. Plus loin, nous aurons à parler de l'urémie chez l'adulte, et on verra quelle diminution considérable se produit dans la chaleur centrale, mais les conditions ne seront plus absolument les mêmes, car les accidents se développeront sans que l'on puisse invoquer l'inanition.

Quoi qu'il en soit, comme c'est la privation de nourriture qui produit chez les nouveau-nés tous les accidents dont l'ensemble constitue l'athrepsie, nous sommes dans la vérité en regardant l'inanition comme la cause de l'algidité centrale, même dans l'encéphalopathie urémique.

Lorsque les enfants sont atteints d'encéphalopathie urémique la mort survient fatalement, de sorte que l'emploi du thermomètre n'a pas la même importance pronostique que dans le sclérème.

Nous ne parlerons pas séparément du muguet, de la diarrhée, des vomissements, de l'érysipèle, etc. Comme il a été dit plus haut, ce ne sont là que des épisodes du début conduisant plus ou moins rapidement le nouveau-né à l'athrepsie, terme de tous ces états morbides, et que seule nous devons considérer au point de vue qui nous occupe. C'est ce que nous avons fait.

2° *Maladies des autres âges.*

L'inanition se développe avec plus de facilité dans la première enfance qu'à tout autre moment de la vie, et l'explication de cette différence se trouve dans l'activité plus grande des actes nutritifs chez le nouveau-né. Ces actes nutritifs ne peuvent alors ni être suspendus, ni être profondément troublés sans que l'inanition ne se montre presque immédiatement; chez l'adulte au contraire il faut que la privation d'aliments soit à peu près absolue et de longue durée pour qu'on puisse observer l'algidité centrale. Cependant, celle-ci s'observe parfois encore, en dehors de l'enfance, dans des circonstances où l'on ne peut invoquer que l'inanition comme cause productrice. Nous allons en citer quelques exemples.

Cancer du foie et de l'estomac. — Les affections cancéreuses, quelle que soit leur variété, produisent un trouble de la nutrition générale, que l'on désigne sous le nom de cachexie, mais celle-ci peut exister à un degré extrême sans qu'il y ait d'abaissement de la température centrale du corps. Ce point a été étudié par M. Charcot d'une manière spéciale. En 1869, M. Joffroy, alors son interne, prit la température rectale d'un grand nombre de cancéreuses se trouvant dans le service. Il s'agissait, dans toutes ces observations, s'élevant à près d'une trentaine, de femmes atteintes soit de cancer de l'utérus, soit de cancer de la face, et arrivées, pour la plupart aux dernières périodes de la maladie. Chez plusieurs d'entre elles il y avait des thromboses cachectiques, et, chez quelques-unes, la mort est arrivée quelques jours après la période d'observation. Malgré ces conditions, en apparence si favorables à la production de l'algidité centrale, ce phénomène n'a été noté chez aucune d'elles, et même on constatait généralement le soir une légère élévation de la température, qui était alors de 38° c. et quelques dixièmes. Il importe d'observer que toutes ces malades, quoique très-affaiblies, prenaient encore une certaine quantité d'aliments qu'elles digéraient. Ce n'est pas, en effet, le cancer qui, par lui-même, amène l'algidité centrale, mais il peut la déterminer par son siége et l'impossibilité où il met le malade de s'alimenter. Ces conditions se trouvent réalisées parfois dans le cancer de l'estomac où l'impossibilité de prendre des aliments est alors de cause mécanique, et aussi dans le cancer primitif du foie, affection très-rare, qui se traduit ordinairement par un dégoût si prononcé de toute matière alimentaire que les malades finissent par se condamner à une abstinence presque absolue.

Voici un exemple de ce genre :

Obs. II. — Habitudes alcooliques anciennes. Cancer du foie. Ascite légère. Amaigrissement considérable. Abaissement de la température centrale pendant neuf jours. Autopsie. Par M. Joffroy (service de M. Charcot) (1).

Adèle Bocquentin, âgée de 69 ans, est entrée à la Salpêtrière depuis 1848. Elle y est entrée par protection, sans avoir aucun motif réel d'admission dans cet hospice. Elle présente une déformation rachitique assez marquée des côtes et du sternum; néanmoins, sa santé était bonne et lui permettait de travailler. Elle remplissait chez un médecin de la Salpêtrière, les fonctions de femme de ménage. De tout temps, paraît-il, cette femme s'est adonnée à la boisson ; chaque jour elle allait plusieurs fois au marché de l'hospice pour boire du vin blanc, de l'eau-de-vie et aussi de l'absinthe.

Le soir, elle se trouvait dans un état d'ivresse tel qu'elle déraisonnait complètement, elle avait alors l'habitude d'aller se coucher, et le lendemain elle se trouvait en état de reprendre son travail.

Dans le courant de mai 1869, on remarqua qu'elle avait une diarrhée persistante et des vomissements fréquents.

Cette femme s'amaigrit alors rapidement, arriva à un degré de faiblesse extrême, et fut forcée de s'aliter, on l'amène à l'infirmerie des incurables dans le courant du mois de juin.

La maigreur est squelettique, elle a les malléoles légèrement œdématiées, et le ventre gonflé par un épanchement abdominal peu abondant. Sa diarrhée a cessé depuis quelques jours, et se trouve remplacée par de la constipation.

(1) Comptes rendus des séances de la Société de Biologie, 3 juillet 1869.

Les vomissements persistent et sont composés de matières bilieuses et alimentaires.

L'examen de l'abdomen démontre, outre l'existence de l'épanchement abdominal, un volume assez considérable du foie, qui dépasse le rebord des fausses côtes de trois travers de doigt. On le sent très-facilement, malgré le léger gonflement du ventre. Seulement ses bords paraissent nets et tranchants, et sa surface lisse; on verra à l'autopsie ce qu'il en était réellement.

La région épigastrique et l'hypochondre droit sont douloureux à la pression.

A l'auscultation des poumons, on entend quelques râles de bronchite.

Cette femme depuis longtemps ne mange pas de viande. Aujourd'hui, malgré l'état de faiblesse extrême dans lequel elle se trouve, elle n'a pas de répugnance pour les aliments. Elle mange des asperges, des fruits, etc., et boit du vin.

Le 28 juin au matin, elle s'affaiblit si rapidement, que la mort semble très prochaine. Le pouls est à 108, il est misérable. On prend sa température rectale, 36o5/10. La surface de son corps est à une basse température, les extrémités sont froides.

Le soir, pas de changement; T. R. : 36°5/10.

Les jours suivants, la malade se maintient dans cet état, continuant à boire chaque jour 18 centilitres de vin ordinaire et 12 centilitres de vin de Bagnols, mangeant des fruits et de gâteaux.

Il n'y a pas de diarrhée et à peine quelques vomissements.

Le 23 au matin, T. R. : 34°2/5.

Soir. T. R. : 35°3/5.

Le 24 au matin, T. R. : 35°3/5. Le pouls est faible, pulsations 89. La peau des extrémités n'est pas particulièrement froide, mais il y a une coloration plombée des téguments, et la maigreur est excessive. La langue est sèche. Il n'y a ni diarrhée ni vomissements.

On remarque un commencement d'eschare au sacrum. La malade conserve toute son intelligence. Le *soir*, T. R. : 36°2/5.

Le 25 au matin. T. R. : 34°4/5; pulsations 92.

Soir, T. R.: 36°3/5puls. Le décubitus est dorsal; la respiration suspirieuse. La bouche est entr'ouverte; la langue complètement sèche. La malade est plongée dans le coma.

Le 27 au matin, T. R. : 36°, pulsations : 100. Soir, T. R. : 36°3/10; pulsations, 96. La malade est toujours plongée dans le coma.

Le 28 au matin, T. R. : 34,4. La malade a repris entièrement connaissance elle parle; a demandé selon son habitude son café noir, et en a pris quelques cuillerées. L'eschare du sacrum a augmenté; il y a une large ulcération à bords violacés. Sur les genoux, il y a une éruption de purpura.

Soir, T. R. : 35°7/10. La malade parle et semble avoir encore sa conaissance. La mort survient quelques instants après.

Autopsie. On ouvre l'abdomen, et il s'écoule de la cavité péritonéale une certaine quantité d'un liquide séreux. On constate alors que le foie dépasse de 6 centimètres environ le rebord des fausses côtes, comme on l'avait constaté par la palpation; mais, tandis qu'il avait semblé par ce mode d'exploration que la surface du foie était libre et ses bords tranchants, on trouve des masses cancéreuses qui viennent faire saillie au niveau des bords et rendent très-sinueux le contour du foie, et sur la face convexe des tumeurs cancéreuses dont les unes faisant saillie et les autres, étant ombiliquées, rendent cette surface très-irrégulière. A la coupe on trouve que le foie, notablement augmenté de volume, est presque exclusivement constitué par des masses cancéreuses, irrégulièrement arrondies, assez nettement limitées, de coloration blanche, d'aspect fibreux, et ne donnant pas de suc par la pression. Leur volume est très-variable; quelques-unes sont très-petites, d'autres ont le volume du poing. L'une de ces tumeurs comprime le canal hépatique, qui est oblitéré. La vésicule, dont les parois sont saines, est remplie d'une certaine quantité d'une bile très-épaisse, très-noire, sableuse. Les conduits biliaires intra-hépatiques, le canal hépatique et le canal cholédoque sont libres et sains. Il n'y a pas de compression du tronc de la veine-porte.

L'estomac est très-petit, sa muqueuse est ratatinée et couverte d'un piqueté ecchymotique général. Les taches ecchymotiques, petites, arrondies, sont assez clair-semées.

Les autres organes abdominaux ne présentent rien à signaler, sauf la muqueuse vésicale qui présente dans une grande partie de son étendue des tachese cchymotiques analogues à du purpura.

Les poumons sont œdématiés et congestionnés. Le cœur est petit (170 grammes), sans lésions valvulaires; le muscle est flasque et jaunâtre.

La graisse présente partout l'aspect gélatineux qu'on retrouve chez les phthisiques.

A la face interne de la dure-mère, il s'est épanché une couche mince de sang qui s'est coagulé sous forme de fausses membranes, mais présente encore tous les caractères microscopiques d'un caillot récent.

L'encéphale ne présente aucune lésion.

L'abstinence chez cette malheureuse femme était à peu près complète, et c'est à cette cause qu'il convient de rapporter l'algidité centrale, aussi remarquable par son intensité que par sa longue durée. Pendant neuf jours, en effet, la température a toujours été inférieure à 35° 7/10, et elle a même atteint le chiffre de 34° 4/10.

Ce qui semble bien prouver que l'abaissement de la température tient ici à la privation de nourriture, c'est qu'on ne le constate pas toujours dans le cancer gastrique ou hépatique, et même qu'il peut se généraliser sans donner lieu à ce phénomène. Enfin il faut aussi tenir compte de cette circonstance, qu'il s'agissait d'un sujet adonné depuis longtemps aux excès alcooliques. Quoi qu'il en soit, il est incontestable que, depuis longtemps, cette femme ne prenait qu'une quantité insignifiante d'aliments.

Nous rappellerons ici les faits précédemment cités, observés par M. Hanot, et dans lesquels la température, chez des malades atteints de cancer de l'estomac et mourant d'inanition, est descendue, dans trois cas, à 35° c. et à 34° c.

Diabète. — *Phthisie.* — Dans le diabète, et dans cette forme de phthisie à marche chronique et silencieuse qui l'accompaque souvent et que l'on désignait, dans ces dernières années, sous le nom de phthisie non tuberculeuse, la température présente des variations analogues à celles que l'on rencontre dans le cancer. Assez fréquemment, il y a soit une chaleur normale, soit une élévation peu considérable ; mais, dans certains cas, le chiffre thermométrique est au-dessous du taux normal. Toutefois nous devons dire qu'ordinairement cette diminution de la chaleur centrale n'est pas très-considérable. Ce fait a déjà été noté par plusieurs auteurs ; Weber a vu le thermomètre ne marquer que 34° chez ses malades. Nous croyons que c'est l'inanition qui est alors la cause de cette algidité centrale, chez les phthisiques en particulier ; l'algidité centrale ne se rencontre que chez ceux qui ne se nourrissent plus depuis quelque temps, ou qui sont atteints d'une diarrhée excessive qui met obstacle à l'absorption intestinale.

Scorbut. — Lorsque cette affection atteint des individus jusque là bien portants, elle ne donne pas lieu à un abaissement de la température. On observe, au contraire, une élévation de 1 à 2 degrés. Mais le scorbut peut se montrer chez des sujets affaiblis par des maladies antérieures ou par des privations de longue durée. Vers la fin du siége de Paris, on a vu un grand nombre de cas de ce genre. Il s'agissait souvent de malheureux ayant souffert longtemps de la faim; c'est alors surtout que l'on trouvait un abaissement de la chaleur centrale. Mais dans ces cas de scorbut secondaire, se terminant par la mort, il existait généralement une diarrhée très-abondante, dont il faut tenir compte pour expliquer l'algidité centrale. Le thermomètre descendait environ à 36° c.

Pneumonie. — On sait que dans la pneumonie lobaire aiguë la température s'élève généralement suivant des lois précises. Cette marche de la courbe thermométrique peut, dans certains cas, se trouver modifiée sous l'influence de causes diverses, et il peut en résulter un abaissement de la température tel que le niveau de la courbe thermique se trouvera abaissé de 1° c. à 2° c. Ce n'est pas là de l'algidité centrale, puisque la chaleur du corps se trouve encore au-dessus du taux normal malgré cet abaissement; cependant il importe d'exprimer cet état, et nous pensons avec M. Charcot que l'expression d'*algidité relative* peut être adoptée, ainsi qu'il convient de désigner, sous le nom de *pneumonies algides*, ces cas d'inflammation du parenchyme pulmonaire qui ne présentent pas l'élévation classique de la température.

Chez des sujets antérieurement affaiblis, vivant dans la misère, nourris d'une manière insuffisante, chez les vieillards en particulier, il n'est pas rare d'observer des faits de ce genre, et même dans les cas les plus accentués, il est possible d'observer un véritable refroidissement.

M. le professeur Charcot a attiré l'attention dans ses leçons sur une autre cause d'*algidité relative* dans la pneumonie. Il a observé que ce fait se produisait lorsque celle-ci se compliquait de péricardite. D'un côté la pneumonie élève la température, mais, d'autre part, la péricardite a une tendance à produire le refroidissement. Il en résulte généralement un abaissement considérable de la courbe thermique. Nous aurons plus loin l'occasion de parler de l'action de la péricardite sur la température du corps.

Folie chronique. — On observe fréquemment, dans les hospices d'aliénés, des malades qui refusent de se nourrir et qui tombent ainsi dans un état de débilitation profonde. Cette remarque s'applique particulièrement aux maniaques et aux mélancoliques. Le malade tombe alors dans l'inanition, et l'algidité centrale en indique le degré. M. Charcot, qui signale le fait dans ses leçons sur la température, attribue également à l'inanition l'abaissement de la température, et cite les chiffres de 31°, 32°, 32°5 observés par Lœwenhardt. Mais ce qui est plus remarquable que l'intensité du refroidissement chez ces malades, c'est qu'ils ne présentaient aucun phénomène de collapsus ; l'un des malades fumait et chantait, un autre se levait et prenait même des aliments, un troisième était érotique.

Des températures beaucoup plus basses, les plus basses que l'on ait observées chez l'homme, ont été notées par le même auteur (1).

Dans le premier cas, la température oscilla pendant plusieurs semaines entre 25° C. et 35° C., et, pendant les trois derniers jours, entre 25° C. et 31°4' C.

Dans le second cas, la température était de 30° 8' la veille de la mort, et de 29°5' C. peu de temps avant la mort.

Chez le troisième malade, la température, pendant les cinq derniers jours, resta entre 31°5' C. et 23°7' C.

Enfin, chez le quatrième, elle fut, dans les deux derniers jours de la vie, entre 28° et 30°8' C.

Il s'agissait, dans ces quatre cas, de malades âgés de 54 à 67 ans, et adonnés depuis longtemps à la boisson. Il n'y

(1) Lœwenhardt. In Allg. Zeitschr. für Psych., t. XXV, p. 685.

eut jamais chez eux de stade mélancolique, et il y avait une excitation allant jusqu'à la manie. Ces malades étaient très-agités, avaient une grande tendance à arracher leurs vêtements, à se mettre nu par une basse température. Il importe aussi de remarquer qu'ils avaient des idées de force, de grandeur, de richesse, quoiqu'on ne pût, en aucune façon, songer à la paralysie générale, puisqu'il n'existait de troubles ni dans la motilité des membres, ni dans l'articulation des sons.

En général, l'appétit était conservé, mais chez deux d'entre eux il y avait de la diarrhée, et chez tous on remarquait un marasme très-prononcé, une diminution considérable du poids du corps et un ralentissement du pouls, qui ne battait plus que 60, 54, 45 fois par minute.

La gangrène pulmonaire est, comme on le sait, un résultat fréquent de l'inanition chez les aliénés, et on observe alors fréquemment des températures sous-normales, ce qui est d'autant plus remarquable que lorsque la gangrène du poumon s'observe chez des malades non aliénés, elle donne lieu, au contraire, à des températures très-élevées, oscillant souvent autour du chiffre de 40° C.

Hémorrhagies. — Si la perte de sang n'est pas considérable et ne se répète pas fréquemment, elle n'apportera pas chez l'homme sain de grandes modifications dans la chaleur centrale. Mais il n'en est plus de même des hémorrhagies abondantes. Marshall-Hall, cité par Wunderlich (1), a vu, chez un chien terrier pesant 17 livres, à qui il avait enlevé 32 onces de sang, un abaissement de température de 37°5 C. à 29°45, alors la mort eut lieu. Chez un autre, pesant 19 livres, la température tomba jusqu'à 31°65 après une émission de 30 onces de sang.

M. Brown Séquard (2) signale également l'influence des

(1) Wunderlich. De la température dans les maladies.
(2) Brown-Séquard. Société de Biologie, 1849.

hémorrhagies abondantes sur l'abaissement de la chaleur centrale. M. Frese (1) a observé le même résultat immédiatement après la perte de sang; car on sait que, si l'hémorrhagie n'est pas suffisante pour produire la mort, la température se relève au-dessus de la normale. Chez les fébricitants, la saignée donne également lieu à abaissement momentané de la courbe thermique.

Après les hémorrhagies répétées, se faisant principalement par l'intestin ou l'utérus, etc., le refroidissement se produit également, et la mort peut survenir avec un abaissement considérable de la chaleur centrale. Nous reviendrons plus loin sur les effets des pertes de sang dans le chapitre que nous consacrons au choc.

Convalescence. — Dans les affections fébriles, il y a une élévation plus ou moins considérable de la température qui n'est que la manifestation de combustions organiques plus actives qu'à l'état normal. Si l'on considère qu'en outre les malades ont une inappétence complète, et que, pendant toute la durée de la fièvre, ils ne prennent qu'une nourriture fort insuffisante, on comprendra de suite pourquoi nous parlons de la convalescence dans ce chapitre consacré à l'inanition. Dès que disparaît le souffle morbide qui activait les combustions organiques et déterminait une production anormale de calorique, le sujet, à cause des dépenses considérables qu'il a faites, se retrouve dans les mêmes conditions que celles qui résultent d'une alimentation insuffisante, et l'algidité centrale en est la conséquence. L'intensité de la fièvre, marquée par une température plus élevée, sa durée plus longue et, pendant ce temps, le degré plus absolu de la diète, sont les causes qui déterminent un abaissement plus marqué de la chaleur centrale.

(1) Frese. Virchow's Archiv, t. LX, p. 303.

L'inanition se traduira par une température d'autant plus basse que la fièvre cessera plus subitement, tandis qu'au contraire une diminution graduelle de l'intensité de la fièvre pourra donner à l'organisme le temps de réparer ses pertes. Mais, même dans ce cas, si la fièvre a été de très-longue durée, comme dans la dothiénentérie, le malade se trouvera encore être atteint d'inanition lorsque la fièvre aura complètement disparu.

A ce moment, où le malade est pour ainsi dire rendu à lui-même, sa température centrale est donc un signe précis, indiquant d'une manière exacte le déficit causé par la maladie. C'est un moment critique, c'est à lui que les anciens ont imposé le nom de *crise*. Une question importante de pronostic se pose alors d'elle-même? Si les échanges moléculaires, qui se font dans l'organisme et constituent la nutrition, reprennent avec une activité toute nouvelle leur évolution normale, il se produira une quantité de chaleur telle que le corps se réchauffera graduellement. Mais, pour peu que les phénomènes nutritifs soient alors languissants, la quantité de calorique produit étant plus faible qu'à l'état de santé, le corps se refroidira de plus en plus, et la mort se produira avec une chute de la courbe thermométrique.

Nous ne croyons pas pouvoir nous en tenir à l'énoncé de cette question si importante au lit du malade, et nous allons donner brièvement les signes indiqués par les auteurs, et en particulier par M. le professeur Charcot (1) et M. Wunderlich (2), permettant de distinguer le *collapsus* (Thierfelder)(3) à pronostic favorable, de celui à pronostic fatal.

Les principaux symptômes dont l'ensemble constitue le collapsus sont les suivants : le malade est pâle et plongé

(1) Charcot. Leçons cliniques sur les maladies des vieillards, Paris, 1874.
(2) Wunderlich. De la température dans les maladies.
(3) Thierfelder. Archiv. für Physiol. Heilk., 14e Fahrg, 2 Heft., 15 juin.

dans la résolution, les traits sont tirés, les yeux excavés, le visage, les membres, le tronc lui-même sont froids et recouverts d'une sueur visqueuse; le pouls et la respiration présentent, suivant les cas, des modifications diverses. Tantôt la fièvre a persisté, d'autres fois il s'est produit un abaissement plus ou moins marqué de la température.

Nous ne nous occupons ici que de ce dernier cas.

C'est principalement, suivant la remarque de M. Charcot, lorsque la dépression thermique se fait rapidement que se présente l'ensemble de symptômes désigné sous le nom de collapsus, et tantôt il présage une terminaison fatale, tantôt au contraire il est l'indice de la guérison. Comment peut-on faire cette distinction?

« Si le collapsus n'est que l'exagération des symptômes ordinaires d'une défervescence rapide de bon aloi, en même temps que la température centrale s'abaisse, les mouvements de la respiration et les pulsations artérielles se ralentissent et se régularisent. Le pronostic est favorable en pareil cas, alors même qu'il serait survenu quelque symptôme inquiétant, tel qu'un délire intense (1).

« Si au contraire la température centrale s'abaissant, la fréquence du pouls et des mouvements respiratoires persiste ou même s'accroît, la situation est des plus graves. Bientôt, quoi qu'on fasse, l'agonie va s'établir. Et tandis que tout à l'heure nous avons été conduit à porter un pronostic favorable, malgré l'apparition d'un délire violent, ici nous devons maintenir le pronostic grave, alors même que la défervescence aurait produit chez le malade un sentiment de bien-être » (Charcot).

Tels sont les signes cliniques à l'aide desquels on distinguera si l'algidité centrale est le début de l'agonie ou de la convalescence.

En résumé, on sait que la convalescence est souvent

(1) Weber. Med. chirurgical transact., t. XLVIII, 1865.

annoncée ou marquée à son début par un abaissement de la température centrale. Tantôt cette cessation de la fièvre n'est marquée par aucun accident, quelquefois au contraire elle s'accompagne des phénomènes graves du collapsus, principalement dans les cas où la température encore très-élevée tombe subitement au-dessous du taux normal. Nous reviendrons sur ce point dans le chapitre suivant.

Parmi les maladies dans lesquelles, au moment de la convalescence, le thermomètre tombe d'un chiffre élevé à un chiffre inférieur à 37°, on peut citer la pneumonie fibrineuse et la fièvre intermittente.

Les maladies dans lesquelles la convalescence est annoncée par une chute graduelle du chiffre thermique, se faisant en plusieurs jours, sont beaucoup plus nombreuses; citons la fièvre typhoïde, la pneumonie catarrhale, le rhumatisme articulaire aigu, la scarlatine, l'érysipèle de la face, etc.

Quoi qu'il en soit de la rapidité plus ou moins grande avec laquelle s'est effectuée la chute thermique, la température reste en général entre 37° c et 36°, rarement plus bas, et se maintient à ce niveau pendant un, deux ou quatre jours environ en présentant ordinairement des oscillations quotidiennes, telles que la température du matin est la plus basse et celle du soir la plus élevée. Le température du matin est seule algide, celle du soir est normale.

On voit que l'algidité de la convalescence n'est pas de longue durée, et qu'en outre elle n'est pas continue pendant les deux ou quatre jours dans lesquels on peut l'observer. C'est qu'en effet, avec la disparition de la fièvre, l'appétit est revenu, le convalescent se nourrit et fournit ainsi à son organisme les matériaux nécessaires à une production suffisante de calorique.

CHAPITRE IV.

ABAISSEMENT DE LA TEMPÉRATURE CENTRALE PRODUIT PAR LE CHOC.

Les Anglais sont les premiers qui aient employé l'expression de *choc* ou d'*ictus*, pour désigner un état particulier de l'organisme, qui se produit subitement après certains traumatismes ou certaines lésions viscérales spontanées, et qui est caractérisé symptomatiquement par un état sub-syncopal.

Donner, dans l'état actuel de la science, une définition précise du choc est d'une grande difficulté; aussi croyons-nous devoir, tout d'abord, recourir à des exemples pour faire comprendre au lecteur de quoi il s'agit.

Un homme reçoit un coup violent sur l'épigastre, sur le thorax, sur le scrotum, etc., et il éprouve immédiatement un malaise inexprimable, qui se traduit par la pâleur du visage, la contraction des traits, une expression d'angoisse indescriptible, des troubles profonds de la respiration et de la circulation, ainsi que des modifications variables de la sensibilité. Cet état persiste pendant quelques minutes, quelques heures ou quelques jours, et il se termine par la guérison ou par la mort.

Voilà, en quelques mots, les principaux traits de cet état spécial désigné sous le nom de choc. Mais, tandis que les uns donnent à cette expression un sens très-limité, d'autres, au contraire, la prennent dans un sens beaucoup plus large. On peut se rendre rapidement compte de ces divergences en comparant quelques définitions proposées par plusieurs auteurs.

Pour Savory, le choc consiste dans une paralysie des mouvements du cœur, consécutive à des lésions nerveuses subites et profondes.

Jordan donne le nom de choc à un état particulier de l'organisme, caractérisé par l'affaiblissement de ses fonctions résultant d'une violente excitation du système nerveux ou d'une excitation étendue des nerfs périphériques.

Le Gros Clarke (1) publia, en 1870, une étude où l'on retrouve la plupart des idées émises par Jordan; mais l'auteur y donne, à l'expression de *choc*, une extension réellement trop illimitée. Il tend, par exemple, à confondre le choc et le collapsus. Or, malgré les points de ressemblance que présentent ces deux états au point de vue symptomatique, nous pensons que les conditions étiologiques qui leur donnent naissance sont trop différentes pour permettre de les confondre sous une même dénomination.

On ne peut pas non plus, comme le voudrait l'auteur anglais, désigner sous ce nom certaines périodes de la septicémie purulente, ou des empoisonnements. Nous ne pouvons nous expliquer comment Le Gros Clarke a pu se laisser aller à ces exagérations ; car il dit lui-même que ce qu'il y a de particulier dans le choc c'est une dépression subite suivant une cause brusque, dont les premiers effets retentissent sur les centres nerveux et sur le cœur. Cette remarque, du reste, ne peut, selon nous s'appliquer qu'au choc traumatique.

Enfin, pour Fischer (2), le choc est une paralysie réflexe des nerfs vasculaires, surtout du splanchique déterminée par un ébranlement traumatique.

Dans la clinique, publiée par ce dernier auteur, *sur le choc*, on voit qu'il a eu l'occasion d'en observer un certain nombre d'exemples à la suite de traumatismes ;mais on ne s'explique pas, après la lecture de son travail, pourquoi cet auteur veut restreindre le sens du mot et l'appliquer

(1) Le Gros Clarke. Lectures on the principles of surgical diagnosis. London, 1870, p. 69 et suiv.

(2) Fischer. Ueber den Shok. Sammlung klinisc. Vörtrage. Leipsig, 1870.

exclusivement à certains états consécutifs au traumatisme. Des réflexions fort judicieuses, contenues dans sa leçon, vont précisément à l'encontre de ses restrictions. Il rappelle l'expérience classique de Goltz qui, frappant sur les intestins d'une grenouille, produit l'arrêt du cœur en diastole. On sait que tout d'abord Goltz expliqua le phénomène par les modifications toutes locales qui se passaient dans les vaisseaux de l'abdomen ; ceux-ci se paralysaient, se dilataient, et se remplissaient de sang, à un tel degré que le reste du corps devenait exsangue.

Mais les expériences de M. Brown-Séquard (1) sur l'écrasement des capsules surrénales prouvent bien que l'explication adoptée primitivement par Goltz était erronée.

M. Brown-Séquard constata d'abord que l'écrasement des ganglions semi-lunaires produisait la mort par arrêt du cœur. De plus, il vit que le cœur continuait à battre comme auparavant, si l'écrasement des ganglions semi-lunaires était pratiqué sur un animal auquel on coupait préalablement les deux pneumogastriques. Cette expérience est décisive, et montre bien que la paralysie du cœur se produit ici par action réflexe. Du reste, Goltz reconnut plus tard que, dans son expérience, la paralysie des vaso-moteurs s'étendait à toutes les artères et que les veines elles-mêmes subissaient la même influence.

M. Brown-Séquard vit également qu'une excitation moins violente des ganglions semi-lunaires produisait, non plus l'arrêt des mouvements cardiaques, mais une diminution permanente de la force du cœur.

M. Cl. Bernard (2) a trouvé également que les excitations des nerfs sensitifs diminuent la pression du cœur, et c'est ainsi qu'il explique la production de la syncope par

(1) Brown-Séquard. Archiv., 1856, t. II p. 400 et 484.
(2) Cl. Bernard. 1858, t. I, p. 267.

douleur. Il donne une explication analogue de la syncope par émotion morale.

Enfin, M. Mantegazza (1) constata que, chez les animaux et chez l'homme, la douleur amène une dépression de la température centrale.

Les recherches de MM. Brown-Séquard, Cl. Bernard, Goltz, etc., sont de la plus haute importance pour l'intelligence de notre sujet, car ce n'est pas autre chose que le choc qui est produit dans ces expériences. Aussi adoptons-nous, avec M. Fischer, la nature réflexe de cette paralysie dans la plupart des cas de traumatisme. Mais où nous nous séparons complètement de l'auteur allemand, c'est lorsqu'il regarde le traumatisme seul comme pouvant produire le choc.

Des excitations siégeant dans les centres nerveux eux-mêmes peuvent donner lieu aux mêmes accidents, et ces excitations peuvent se produire en dehors de tout traumatisme, de telle sorte que l'on peut accepter la définition donnée par Jordan, en y mentionnant la paralysie du cœur d'une façon spéciale.

Nous donnons donc, avec Jordan, le nom de choc à un état particulier de l'organisme produit par une violente excitation du système nerveux central ou des nerfs périphériques, et caractérisé par la suspension ou l'affaiblissement des grandes fonctions, et particulièrement par la paralysie du cœur.

En définitive le choc, comme toutes les paralysies réflexes, peut être de cause traumatique ; mais il peut également succéder à des lésions ou des modifications viscérales d'un autre ordre. Mais, avant d'étudier en détail les conditions qui lui donnent naissance, il est nécessaire de rechercher quelle relation existe entre le choc et la syncope. Tous les auteurs qui se sont occupés du choc se sont posé la même question, et en réalité ils n'ont pu que consta-

(1) Mantegazza. Schmidt's Jæhrb., 1867, 1, 155.

ter l'identité des symptômes dans les deux cas. « La différence, dit Travers, est moins dans la nature que dans l'intensité ou la durée. » Nous sommes complètement de cet avis, et pour nous la syncope n'est qu'un degré prononcé du choc. Celui-ci, en effet, peut être si violent qu'il soit marqué par une mort subite ; à un moindre degré, il produira un état subsyncopal qui se terminera plus ou moins vite par la mort; à un degré encore moins prononcé, l'état subsyncopal se terminera par la guérison. En somme, les différents degrés du choc correspondent aux termes *défaillance*, *lipothymie*, *syncope*.

Il importe cependant de noter que souvent le choc consécutif à un traumatisme est non pas une lipothymie, mais un état lipothymique plus ou moins prolongé. Mais il n'y a pas là les éléments nécessaires pour faire une distinction fondamentale entre ces deux états. On peut du reste rencontrer un état subsyncopal de longue durée en dehors des grands traumatismes. Une hémorrhagie abondante, un étranglement interne, une péricardite, une hémorhahagie bulbaire peuvent réaliser ces conditions.

Au point de vue de leur nature, le choc et la syncope ne doivent pas être séparés ; il n'y a pas lieu davantage de faire du traumatisme une condition indispensable à la production du choc.

Dans la définition de Jordan, que nous avons adoptée, on remarque les expressions suivantes : le choc est caractérisé par un *affaiblissement des fonctions de l'organisme*. Tout le monde sait que dans la syncope (qui n'est d'après ce qu'on vient de voir qu'une forme du choc) il y a arrêt de la respiration, de la circulation et insensibilité du sujet; mais, pour montrer l'exactitude des termes employés par Jordan, nous croyons devoir rappeler une particularité que Brown-Séquard a vu se produire dans ses expériences et qui avait été du reste observée par Hunter. Le sang veineux, dans la syncope, présente la même coloration rouge que le sang artériel. Il en résulte que les échanges moléculaires qui se passaient dans l'épaisseur des tissus ne se font plus, et que les fonctions de nutrition sont suspendues comme celles de la circulation, de la respiration et de l'innervation.

A notre point de vue, cet arrêt des phénomènes nutritifs est le plus important ; les combustions cessant, le calorique n'est plus produit, et le corps doit se refroidir. Nous allons examiner les différentes circonstances dans lesquelles on peut observer de l'algidité centrale imputable au choc.

1° *Choc traumatique.*

Il est certain que ce ne sont pas les traumatismes qui s'accompagnent des délabrements les plus grands qui produisent le plus sûrement le phénomène du choc. Les contusions de l'épigastre, du scrotum, doivent être citées en première ligne parmi les causes les plus puissantes pour produire l'affaiblissement des fonctions de l'organisme. La mort subite peut en être le résultat ; dans d'autres circonstances la mort n'arrive qu'au bout de quelque heures, quelquefois de quelques jours. Or il peut arriver qu'à l'autopsie on ne trouve pas de lésions notables des viscères abdominaux. Il se produit généralement alors un abaissement de la température, qui est de 1 degré centigrade. La leçon clinique de Fischer fut faite à propos d'un jeune homme qni avait reçu dans l'épigastre un coup de timon de voiture, la température rectale s'était abaissée de 1 degré centigrade et celle de l'aisselle de 1 degré 5 centigrade au-dessous de la normale. Il est fort probable que l'abaissement thermique est plus considérable dans certains cas très-voisins de la syncope, mais nous ne pouvons en citer aucun exemple. Nous ne connaissons pas non plus d'observations de syncope dans lesquelles la température centrale soit consignée.

Le choc se produit aussi après les traumatismes donnant lieu à des plaies, des arrachements, des écrasements, des destructions plus ou moins étendues. Fischer cite l'observation d'un homme jeune et vigoureux qui eut un testicule broyé par une morsure de cheval, et qui mourut au bout de quelques heures, après avoir présenté les phénomènes caractéristiques d'un choc violent. Malheureusement il n'est pas question de la température du sujet. Brown-Séquard, observa dans ses expériences que l'extirpation des capsules surrénales chez des lapins produisait un état subsyncopal et était suivie, en hiver, d'un abaissement de 4 ou 5 degrés centigrades.

Les lésions osseuses semblent plus particulièrement favoriser l'état morbide dont nous nous occupons, et à ce propos il n'est pas sans intéret de rappeler l'expérience de Jordan. Observant un malade anesthésié pendant une opération, il vit la température du corps baisser subitement au moment de la section de l'os. Il s'agit, à la vérité, d'un fait très-complexe, car le sujet était anesthésié. Mais c'est précisément la réunion d'un certain nombres de circonstances données qui favorise la production du choc. Ainsi il y à tenir compte de l'état moral du sujet, des conditions de température, de nourriture, etc. La même blessure, chez deux sujets différents, peut s'accompagner chez l'un d'un choc très-marqué et ne donner lieu chez l'autre à aucun phénomène de ce genre.

Ainsi, M. Demarquay (1) a observé le choc avec abaissement de la température à la suite de grands traumatismes, mais la plupart de ses faits ont été recueillis pendant le siége de Paris, sur des soldats fatigués, supportant de nombreuses privations et par une température froide. En outre, il faut encore tenir compte de la quantité plus ou moins considérable de sang perdu par suite de la blessure. L'hémorrhagie, lorsqu'elle est assez abondante, produisant

(1) Demarquay. Bulletin de l'Académie des Sciences, 1871. Voir, pour plus de détails, Paul Redard : De l'abaissement de la température dans les grands traumatismes par armes à feu. Archiv. gén. de médec., 1872, p. 37.

la syncope, sera, à un degré moindre, une condition favorable à la production du choc. En outre, dans les faits de M. Demarquay, il faut tenir un compte tout particulier de l'alcoolisme.

On signale généralement les lésions de la moelle cervicale, comme occasionnant une élévation considérable de la température. Cela est vrai dans la plupart des cas, d'autres fois c'est le contraire que l'on observe. M. Brown-Séquard (1) a signalé les fractures et les luxations de la colonne vertébrale, avec écrasement de la moelle, comme pouvant produire un abaissement considérable de la température. La même divergence se retrouve dans les expériences sur les animaux auxquels on opère le broiement de la moelle à la région cervicale. D'après MM. Naunyn et Quincke, on n'observerait jamais l'élévation de la température que lorsqu'on empêche soigneusement le refroidissement par rayonnement ou par contact.

Dans les lésions traumatiques du crâne avec commotion ou contusion cérébrale, on peut observer tout d'abord le phénomène du choc et l'abaissement de la température, mais le plus souvent il se produit rapidement une élévation plus ou moins prononcée. Cette réaction qui suit le choc est du reste indépendante de la cause qui la produit, et elle survient presque toujours lorsque la mort n'arrive pas dans la période d'abaissement de la température.

Nous n'avons pas la prétention de faire ici une histoire complète du choc traumatique, ni d'énumérer toutes les conditions dans lesquelles on le rencontre, cependant nous devons une mention spéciale aux plaies de l'abdomen. Tous les chirurgiens qui pratiquent des ovariotomies ont eu l'occasion de remarquer qu'au moment de l'ouverture de l'abdomen le visage de l'opérée pâlissait, la peau devenait froide et le pouls petit, fréquent et irrégulier. C'est

(1) Société de Biologie.

que, comme cela a été dit précédemment de tous les nerfs périphériques, le sympathique abdominal est l'un de ceux dont l'excitation donne lieu le plus facilement au phénomène du choc.

Après l'ovariotomie, on doit citer en première ligne l'amputation de la cuisse parmi les opérations chirurgicales qui se compliquent parfois du choc. Mais en réalité une opération très-légère peut lui donner naissance; ainsi, d'après Fischer, Garengeot l'aurait observé après l'incision du panaris. D'autre part, Le Gros Clarke, répétant l'expérience de Jordan, ne constata aucun abaissement de la température centrale chez un sujet anesthésié pendant une amputation.

Citons enfin la réduction des hernies, surtout de celles qui sont volumineuses, comme pouvant se compliquer du choc et même entraîner la mort. L'exemple suivant cité par Fischer est remarquable. Le chirurgien allemand fut appelé près de la femme d'un de ses collègues de Berlin, à laquelle il réduisit avec la plus grande facilité, et sans efforts, une hernie ombilicale très-volumineuse. Mais, comme il n'est pas fait mention de l'autopsie, on peut, malgré toutes les raisons indiquées par le professeur de Breslau, soupçonner une perforation intestinale.

En résumé, on voit que le choc traumatique se produit dans des circonstances très-variables, tantôt à la suite d'une contusion ne donnant pas lieu à des lésions viscérales appréciables, tantôt à la suite de délâbrements très-étendus, parfois après une hémorrhagie abondante, le plus souvent dans des conditions complexes, et parmi celles-ci l'émotion joue parfois un grand rôle. On trouve citée dans le travail de Le Gros Clarke l'observation d'un homme de 63 ans, qui se coupa la langue avec un rasoir. L'hémorragie ne fut pas excessive, et la guérison eut lieu. Une heure après l'accident, sa température était de 32°85 c. Sa température normale était de 35°654 c. Il est probable que dans ce cas l'impression morale joua un très-grand rôle. Cette circonstance. dans les cas d'hémorrhagie, a parfois plus d'influence sur l'intensité du choc que la quantité de sang perdue d'elle-même.

Quoi qu'il en soit de ces conditions étiologiques, le choc traumatique donne lieu ordinairement à un abaissement de la température, se traduisant tantôt par une algidité centrale véritable, tantôt seulement par une algidité relative. Jordan (1) affirme avoir observé que plus le choc était violent, plus la température de la fièvre traumatique était basse. Il ajoute même que cette différence est de 6 à 8 degrés Farenheit, d'où il résulterait que la fièvre traumatique se trouve supprimée et parfois même remplacée par de l'algidité centrale. On peut l'observer en effet, mais le plus généralement voici comment les choses se passent. Une demi-heure ou une heure après l'accident (c'est ordinairement au bout de ce temps qu'on peut examiner la température), on note un abaissement de 0,5 à 1°5 c.); puis survient une réaction qui se fait lentement entre trente-six ou quarante-huit heures, et se traduit par une élévation 0,5 à 2 degrés. Du reste on peut observer de très-grandes variétés à ce sujet.

2° *Choc non traumatique.*

M. le Dr Guérard (2) cite, dans un intéressant mémoire, des faits de mort subite déterminée par l'ingestion d'eau froide, le corps étant en sueur. On doit rapprocher le choc violent observé dans ces cas de celui qui est consécutif à l'irritation traumatique du grand sympathique abdominal; le mécanisme est le même. On a là une transition entre le choc traumatique proprement dit et celui qui est produit par une cause différente. Du reste, l'analogie que nous

(1) Jordan.

(2) Guérard. Sur les accidents qui peuvent succéder à l'ingestion de boissons froides. Annales d'hygiène, t. XXXVII. Paris, 1842.

avons montré exister entre le choc violent et la syncope nous dispense d'insister de nouveau sur l'existence du choc en dehors du traumatisme. Cette similitude des deux états nous porte à croire que toujours la syncope s'accompagne d'un abaissement de la température ; mais, nous le repétons, on n'a pas encore, à notre connaissance du moins, observé la température centrale dans cette circonstance. Nous n'avons pas à énumérer les causes de la syncope ; nous ignorons d'ailleurs si elles ont une influence différente sur l'abaissement plus ou moins marqué de la température du corps.

Rupture du cœur ; péricardite ; asystolie.— Parmi les lésions viscérales spontanées, s'accompagnant d'algidité centrale, on doit citer en première ligne la rupture du cœur. M. le professeur Charcot, dans ses leçons sur la température, cite l'observation suivante: « Une vieille femme qui, un matin, dans son dortoir, était tombée en syncope, fut amenée immédiatement à l'infirmerie, où nous la trouvâmes plongée dans un état lipothymique, qui persista à peu près toute la journée. Une seconde syncope survint vers le soir, et la mort eut lieu tout à coup. Pendant cette longue période lipothymique, intermédiaire aux deux syncopes, les battements du cœur étaient faibles, fréquents, irréguliers, le pouls presque insensible, et la température rectale était de 36 degrés. »

Si l'on réfléchit au mécanisme du refroidissement dans ce cas, on voit immédiatement que le trouble des mouvements cardiaques ne se produit pas uniquement par le mécanisme du choc. Le sang épanché dans le péricarde est un obstacle matériel aux mouvements cardiaques et qui joue un rôle important. Toutefois il est probable, que l'anémie consécutive des centres nerveux tend à aggraver l'état subsyncopal du sujet, de sorte qu'en définitive on rencontre dans ce cas les symptômes du choc. Il en est de même dans certains cas de péricardite. On sait que, dans l'inflammation du péricarde, tantôt on observe une température plus élevée qu'à l'état normal, d'autres fois il n'y a pas de modifications de la température, d'autres fois enfin elle est abaissée. Il serait difficile de préciser dans quelles circonstances on rencontrera l'algidité centrale. Toutefois les circonstances qui semblent favoriser son développement semblent être celles qui diminuent le plus la force motrice du cœur. M. Charcot a signalé des faits de ce genre; on en trouve aussi un exemple dans le livre de M. Roger. M. Wunderlich signale la possibilité du fait,

L'asystolie mérite d'être mentionnée ici au même titre que la péricardite. Ce n'est généralement que d'une façon passagère qu'elle s'accompagne d'un abaissement de la température. M. Charcot a également consigné ce fait dans ses leçons : « Dans les affections organiques du cœur arrivées à la période d'asystolie, il se produit de temps à autre des accès caractérisés par la faiblesse et l'irrégularité de l'impulsion cardiaque, la cyanose et l'algidité extérieure. Nous avons vu plusieurs fois, pendant ces accès, la température centrale s'abaisser à 35 ou 36° c., et, l'accès passé, se relever bientôt jusqu'au taux normal. »

M. Cl. Bernard (1) a signalé l'abaissement de la température centrale après la section des pneumogastriques. Et il fait un rapprochement, à ce point de vue, entre les animaux qu'il observe et ceux que Chossat faisait mourir par inanition. On sait qu'après la section des vagues, la respiration se ralentit, la pression cardiaque diminue, et les battements cardiaques se précipitent; il y a affaiblissement considérable de la force motrice du cœur, et à ce point de vue on doit rapprocher ces expériences des faits pathologiques qui viennent d'être signalés.

Méningite tuberculeuse. — M. Roger qui a étudié soigneu-

(1) Cl. Bernard. 1858, t. II, p. 376.

sement chez les enfants les modifications de la température dans cette affection, résume ainsi ses recherches sur ce point : « L'augmentation de la chaleur, ordinairement modérée, quelquefois considérable, est en définitive un des phénomènes prédominants ; mais, vers le milieu de la maladie, il peut survenir aussi un abaissement notable du thermomètre. Dans un cas, on nota 36°25, et dans un autre 35°5' c. Ce contraste si frappant ne se rencontre que dans la méningite. » M. Roger en conclut que « la diminution considérable de la chaleur, intermédiaire à deux périodes d'augmentation, est donc chez les enfants un signe pathognomonique de la phlegmasie des méninges. »

En considération du trouble simultané de la respiration et de la circulation, l'abaissement de la température observé dans la méningite tuberculeuse nous semble devoir être, sinon assimilé, du moins rapproché du choc, mais nous avouons qu'il nous serait difficile de le prouver. A côté des modifications profondes de la circulation encéphalique, il faut aussi tenir compte de l'action directe des exsudats sur les nerfs crâniens et en particulier sur le spinal et le pneumogastrique.

M. Roger assure que les basses températures peuvent s'observer dans les méningites cérébrales, quelle que soit leur nature; d'autres pathologistes pensent au contraire que cette particularité ne se rencontre que dans la méningite tuberculeuse.

Etranglement intestinal. Péritonite. — On a vu précédemment que l'excitation traumatique du grand sympathique abdominal donnait facilement lieu au phénomène du choc. M. Brown-Séquard a pu le produire facilement par la compression d'une anse intestinale. Il n'y a donc rien d'étonnant que le même phénomène se manifeste fréquemment dans l'étranglement interne et dans l'étranglement herniaire. La compression seule suffit pour déterminer le choc, et c'est à cette complication qu'il faut attribuer les cas de mort rapide survenant parfois après la réduction de hernies, surtout de celles qui sont volumineuses. Tous les chirurgiens ont observé des faits de cette nature. Mais la compression se complique rapidement de l'inflammation du péritoine, et celle-ci semble parfois elle-même favoriser aussi le développement du choc. C'est en effet dans certains cas d'étranglement herniaire compliqué d'inflammation que la température s'abaisse le plus.

L'algidité centrale peut du reste s'observer dans la péritonite sans étranglement intestinal. Et il en est ici de la péritonite comme de la péricardite ; il serait difficile de préciser dans quel cas l'inflammation de la séreuse abdominale s'accompagnera d'élévation de la température, et dans quel cas au contraire elle se traduira par de l'algidité centrale. Mais il est remarquable que la péritonite puerpérale s'accompagne toujours d'une élévation notable et parfois très-considérable de la température. C'est que dans ce cas il ne s'agit plus seulement d'une lésion locale, mais bien par-dessus tout d'un empoisonnement général qui domine toute la situation. On verra plus loin que, parmi les matières putrides, les unes donnent lieu à une intoxication avec élévation de température, d'autres à une intoxication avec abaissement de la chaleur du corps. Le poison puerpéral est au nombre des premiers.

La perforation spontanée de l'intestin, celle de la plèvre, la rupture de la vessie donnent également lieu parfois à un choc assez violent pour qu'il y ait un abaissement de la température, et c'est en raisonnant dans cet ordre d'idées que M. Dieulafoy a été conduit à attribuer la mort subite dans la fièvre typhoïde à l'excitation du grand sympathique intestinal par les plaques de Peyer ulcérées. On peut trouver des arguments en faveur de cette hypothèse, mais il serait bien difficile de la mettre en dehors de toute contestation.

Dans la pleurésie diaphragmatique, on peut également noter des températures sous-normales (1).

En terminant ce chapitre, consacré à l'abaissement de la température dans le choc, nous croyons devoir signaler les expériences de M. Manassein (2) qui a pu produire une diminution notable de la chaleur de corps atteignant même 1° 3' c., en imprimant à des animaux un mouvement rapide oscillatoire.

Cet abaissement se produit même quand l'animal a de la fièvre, et il est moindre chez les animaux préalablement narcotisés ou qui ont les yeux fermés. L'expérimentateur allemand ne donne pas d'explication du phénomène qu'il a observé. Nous pensons qu'il s'agit là d'un état subsyncopal et qu'il y avait lieu par conséquent de placer ici les faits signalés par M. Manassein.

Dans le chapitre suivant, il sera question de l'apoplexie, que nous chercherons à distinguer du choc. Mais quelles que soient les différences que nous assignerons à ces deux états, il y a entre eux une analogie tellement grande que nous devons dire d'abord que nous ne regardons l'apoplexie que comme une forme du choc.

CHAPITRE V.

ABAISSEMENT DE LA TEMPÉRATURE CENTRALE DANS L'APOPLEXIE.

On a vu qu'entre le choc et la syncope, la différence est fort légère, et nous avons admis leur identité précédemment, aussi donnerons-nous comme caractères distinctifs de l'apoplexie et du choc ceux assignés par les anciens à l'apoplexie et à la syncope. La perte de connaissance et

(1) Charcot, loc. cit.

(2) Manassein. Etude des moyens d'abaisser la température centrale. In Centralblatt, p. 74, 1871.

l'abolition de la motilité volontaire appartiennent à la syncope et à l'apoplexie; mais, tandis que la circulation et la respiration sont suspendues dans la syncope, ces fonctions persistent dans l'apoplexie. C'est dans ce dernier caractère que réside la différence fondamentale entre les deux états.

Toutefois on doit remarquer que le choc, tel que nous l'avons défini et étudié, consiste le plus souvent, non pas dans un état syncopal, mais bien dans un état subsyncopal en général plus ou moins prolongé. De sorte que, dans ce cas, on observe, non pas l'arrêt, mais seulement l'affaiblissement de la circulation et de la respiration. En général, il n'y a pas non plus de perte de connaissance, mais il existe des troubles profonds de la motilité et de la sensibilité.

Malgré ces différences, il y a lieu de rapprocher, surtout au point de vue où nous nous sommes placé, l'apoplexie du choc. Dans les deux cas, en effet, il y a diminution de la production de calorique. Mais, tandis que ce phénomène se concevait facilement dans le choc, à cause des troubles cardiaques et pulmonaires, ici leur intelligence est plus obscure, car l'abaissement thermique est rapide et assez considérable, et cependant le cœur ne présente pas de modifications profondes dans ses fonctions, non plus que les organes respiratoires.

Si, d'autre part, on considère que les pertes de calorique, faites par rayonnement ou par contact, ne sont pas accélérées, qu'il n'y a pas non plus de transformation de la chaleur en mouvement, puisque généralement le corps et les membres restent flasques pendant cet abaissement de la température, on sera amené à conclure que dans l'apoplexie la production de calorique se trouve diminuée.

Il n'est pas possible d'expliquer ce phénomène par le ralentissement du cœur, puisque celui-ci continue à battre assez régulièrement; on ne peut pas non plus, et pour le même motif, songer à incriminer les fonctions respiratoires. Il faut donc chercher la cause de la diminution de la production de la chaleur dans les modifications qui se produisent dans les combinaisons chimiques se faisant dans la masse du sang et dans l'épaisseur des tissus. Mais il ne faudrait pas en conclure que les échanges moléculaires sont suspendus comme dans la syncope, car le sang tiré de la veine ne présente pas, comme dans ce cas, la coloration rutilante du sang artériel. Ce ne serait donc pas un arrêt, mais bien une perversion ou tout au moins une insuffisance des échanges moléculaires qui se produirait.

En résumé, l'explication de la production du froid dans l'apoplexie est difficile à donner, et il nous semblerait téméraire de sortir d'une grande réserve.

Avant d'examiner les particularités si importantes et si bien déterminées que l'on connaît aujourd'hui sur l'abaissement de la chaleur du corps dans l'apoplexie, il importe de bien préciser le sens qu'il faut accorder à ce mot. Par suite, en effet, de connaissances nouvelles dues à M. Charcot, l'ancienne définition doit être modifiée, et il est nécessaire de regarder l'attaque d'apoplexie comme intimement liée à la production d'un foyer de ramollissement de la substance nerveuse encéphalique ou d'un foyer d'hémorrhagie dans l'épaisseur ou à la périphérie de l'encéphale. Aujourd'hui donc le mot apoplexie s'applique exclusivement au ramollissement de l'encéphale, à l'hémorrhagie cérébrale et à l'hémorrhagie méningée. Autrefois on comprenait encore sous cette dénomination l'attaque apoplectiforme dont nous allons parler.

On sait, en effet, que les symptômes de l'attaque d'apoplexie peuvent se reproduire en dehors de ces conditions, et tous les médecins qui ont écrit dans ces derniers temps sur les maladies apoplectiques du système nerveux avaient remarqué que parfois, chez un sujet atteint depuis un certain temps d'hémorrhagie ou de ramollissement du cerveau, il se produisait des attaques que l'autopsie ne permettait de rattacher à la production d'aucun foyer nouveau. La similitude entre la véritable attaque d'apoplexie et celle que nous signalons ici était telle que leur distinction était complètement impossible. Tout au moins devait-on attendre la fin de l'attaque et observer si de nouveaux symptômes de paralysie étaient venus s'ajouter aux anciens, avant de se prononcer entre une véritable attaque d'apoplexie ou une attaque apoplectiforme.

La question en était là, lorsque M. le professeur Charcot (1), à la suite de recherches multipliées faites à l'hospice de la Salpêtrière, annonça que l'attaque d'apoplexie s'accompagnait d'un abaissement de la température. Ainsi, au lieu du chiffre de 37° 5 c. qui représente l'état normal, on a trouvé, en pareil cas, celui de 37°, parfois même celui de 36°. Rarement le chiffre thermométrique a été plus bas. La température ne tarde pas ensuite à se relever pour suivre une marche différente suivant la terminaison qui doit survenir. Mais nous n'avons pas à nous occuper de ces derniers points, malgré tout leur intérêt clinique. En outre, M. Charcot ne tarda pas à reconnaître que dans l'attaque apoplectiforme, non-seulement il n'y avait pas abaissement mais qu'au contraire il y avait toujours élévation de la température centrale. Depuis cette époque, les pathologistes ont pu vérifier ces deux lois : l'abaissement de la température centrale au début de l'attaque apoplectique est pleinement confirmé, et l'élévation de la chaleur du corps dans les attaques apoplectiformes a été observée dans le ramollissement et dans l'hémorrhagie du cerveau, dans l'hémorrhagie méningée, dans la sclérose en plaques, dans la paralysie générale et dans les cas de tumeur cérébrale, etc.

Tous les détails relatifs à l'apparition, à la marche, à la durée de l'algidité centrale dans le ramollissement et l'hé-

(1) Charcot. Comptes-rendus de la Société de Biologie, 1867, p. 92.

morrhagie du cerveau ont été étudiés minutieusement par M. Bourneville (1) dans le service de M. Charcot, et c'est d'après ce travail que nous allons en donner la description.

Hémorrhagie cérébrale. — L'intensité du refroidissement est variable suivant les cas, mais il y a toujours un abaissement minimum de quelques dixièmes de degré. Le plus souvent, la température descend au-dessous de 37°, rarement elle atteint 36°, et c'est dans des cas tout à fait exceptionnels qu'elle a été moindre. Jamais le thermomètre ne donne une élévation de la température.

Les observations qui ont permis d'étudier le développement de cet abaissement de température sont très-rares; cependant, M. Bourneville a pu, dans un cas au moins, faire cette étude à loisir. Il a constaté qu'immédiatement après l'attaque, la température était normale, et qu'au bout d'une heure elle avait baissé de 1° 4c. Il résulte de là, que la production de l'algidité centrale dans l'hémorrhagie est très-rapide, mais non pas immédiate.

La durée de l'abaissement thermique varie suivant les cas, et en particulier, dans ceux qui sont rapidement mortels, la courbe thermométrique se relève au bout de quelques heures pour atteindre bientôt des chiffres considérables. Mais, dans les attaques assez violentes, ne se terminant cependant pas rapidement par la mort, la température met près de vingt-quatre heures à se relever jusqu'à son niveau normal.

Il résulte en outre du travail de M. Bourneville que les conditions qui favorisent le plus grand développement de l'algidité centrale sont : l'abondance et la continuité de l'hémorrhagie et la production de nouveaux foyers.

Ramollissement du cerveau. — M. Bourneville s'est particulièrement appliqué dans son important travail à recueillir les moindres détails relatifs à la marche de la température dans l'hémorrhagie et le ramollissement du cerveau, et à en signaler les différences. Au point de vue qui nous occupe, il résulte de cette comparaison qu'en général la température ne s'abaisse ni autant ni aussi rapidement dans le ramollissement que dans l'hémorrhagie de l'encéphale.

Il n'entre pas dans notre sujet de parler ici des autres différences qui s'observent plus tard dans le cours de la maladie.

Hémorrhagie méningée. — Les occasions de vérifier la lo de M. Charcot ne sont pas aussi fréquentes pour l'hémorrhagie méningée que pour le ramollissement et l'hémorrhagie du cerveau. Toutefois cette recherche a été faite assez souvent pour nous permettre d'être affirmatif sur ce point : l'attaque d'apoplexie donne lieu ici comme dans les cas précédents à un abaissement temporaire de la température centrale. Dans la note sur deux cas d'hémorrhagie sous-méningée publiée par M. le docteur Lépine (1), la température rectale est seulement de 37° 2 c dans le premier cas, une demi-heure après l'attaque. Il y a peut-être lieu de rappeler ici l'observation d'hémorrhagie cérébrale, due à M. Bourneville, dont il a été question précédemment, et où l'on voit que peu de temps après l'attaque il y avait dans le rectum une température normale, 37° 4 c, tandis qu'une heure après l'attaque, le thermomètre marquait 36° c.

La seconde observation a été faite dans les mêmes conditions, et cependant la température était moindre que 36°.

Cette algidité centrale ne persiste pas davantage que

(1) Lépine. Note sur deux cas d'hémorrhagie sous-méningée. Société de Biologie, 1867.

dans le ramollissement ou l'hémorrhagie du cerveau, et la mort survient avec une élévation considérable.

Nous ne pouvons pas ne pas insister sur l'importance de l'abaissement de la chaleur centrale dans l'apoplexie. Ce signe permet de distinguer immédiatement une attaque d'apoplexie d'une attaque apoplectiforme, diagnostic important, puisqu'en général l'attaque apoplectiforme disparaît sans laisser à sa suite de désordres permanents de la motilité. Or, dans le premier cas, c'est l'abaissement, et dans le second, c'est l'élévation de la température que l'on observe. Ainsi se trouvent nettement séparés ces deux états si voisins par leur aspect symptomatique, ainsi se trouve vérifiée, la double loi de M. Charcot : *Dans l'attaque d'apoplexie, il y a abaissement de la température centrale.*

Dans l'attaque apoplectiforme, il y a élévation de la chaleur du corps.

CHAPITRE VI.

DE L'ABAISSEMENT DE LA TEMPÉRATURE CENTRALE CONSÉCUTIF A LA PRÉSENCE DANS LE SANG DE MATIÈRES TOXIQUES.

L'altération du sang a pour effet immédiat de modifier les combinaisons chimiques qui se font, tant dans l'épaisseur des tissus, que dans la masse même de ce liquide. Tantôt ces combinaisons sont activées, tantôt elles sont ralenties ; tantôt il y a plus de chaleur produite qu'à l'état normal, tantôt il y en a moins. En outre, la qualité du sang peut exercer sur les centres nerveux une action telle que ceux-ci réagissent de façon à produire l'élévation ou l'abaissement de la température centrale. Comme on le voit, le problème est complexe, et il serait très-difficile de déterminer le mécanisme suivant lequel, dans différentes intoxications, le corps s'échauffe ou se refroidit. Et ces deux phénomènes si opposés s'obtiennent non-seulement dans des circonstances entièrement dissemblables, mais quelquefois même dans des conditions presque identiques.

Les substances étrangères à la composition du sang et qui déterminent son altération peuvent ou bien avoir pris naissance dans l'organisme, et leur présence est alors due à un défaut dans l'élimination ; d'autres fois, elles viennent du dehors, et leur présence est due à l'absorption. Dans une classe intermédiaire, les substances délétères sont produites accidentellement par l'organisme et partiellement résorbées, comme dans la fièvre traumatique. Nous allons examiner ces trois cas :

1° *Altération du sang par défaut dans l'élimination de certaines substances.*

Urémie. — Nous ne chercherons pas à définir quel est dans l'urémie l'agent toxique, et, laissant de côté des théories émises avec plus ou moins de fondement, nous nous occuperons uniquement de la question de température.

On trouve quelques observations d'urémie dans lesquelles une température basse se trouve çà et là indiquée, mais un fait peut se produire sous les yeux d'un observateur sans que celui-ci y prenne garde. C'est ce qui est arrivé en particulier pour l'urémie. M. Bourneville, dont les recherches persévérantes ont fixé la science sur ce point, a, dans le travail qu'il a consacré à l'urémie et à l'éclampsie (1), fait l'historique de la question. D'après lui, c'est M. W. Roberts (de Manchester) qui, dans un mémoire intituté : *The Pathological of suppression of Urine* (2), a le premier signalé l'importance de la thermométrie dans l'urémie. M. Bourneville fait la citation suivante empruntée à M. W. Roberfs :

(1) Bourneville. Etudes cliniques et thermométriques sur les maladies du système nerveux, 1873.

(2) The Lancet, 1868, vol. I, p. 653 et 682.

« La température du corps ne paraît pas élevée dans l'empoisonnement urémique. Il y a là une condition qui ressemble à la fièvre et est même décrite comme telle, mais qui en diffère essentiellement, car elle n'est pas accompagnée d'une augmentation de la chaleur du corps. Dans mon second cas, le soir du septième jour de la suppression de l'urine, alors que la langue était sèche et la soif vive, la température était seulement à 37°, c'est-à-dire normale. A cette époque, il existait des symptômes évidents d'intoxication urémique... Dans un cas de maladie de Bright chronique, que j'ai vu récemment, ce point me parut même plus frappant, car plus d'une quinzaine avant la mort, l'urine, devenue très-rare (9 à 12 onces en vingt-quatre heures), avait un poids spécifique de 1018 à 1020; la langue et la bouche étaient toujours sèches; le sommeil était agité, les pupilles étaient contractées; le malade était indifférent. Eh bien, la *température* axillaire, notée *presque* quotidiennement durant cette période, oscilla entre 34° 7 et 35° 8. Une inflammation érythémateuse des téguments œdématiés des jambes survint sans accroître la température et, chose plus étrange, une péricardite qui se manifesta deux jours avant la mort ne causa pas non plus la moindre élévation de la température; le thermomètre enregistrait encore 35°. »

M. Hutchinson (1) publia, en 1870, une nouvelle observation d'urémie où la température, après être tombée à 34°,44 se releva à 36° à la suite de l'expulsion d'une petite quantité d'urine, fait sur lequel ont insisté M. W. Roberts (2) et M. Charcot (3).

Mais c'est à M. Bourneville que l'on doit d'avoir montré

(1) Hutchinson. The american Journal of the medical sciences, 1870, n. 119, p. 154.

(2) Loc. cit.

(3) Charcot. Leçons snr les maladies du système nerveux faites à la Salpêtrière (2e édition). Paris, 1873.

que l'algidité centrale était un fait constant dans l'urémie, que cet abaissement de la température commençait à se produire au début des accidents urémiques, et qu'il allait en augmentant avec la gravité des accidents. Voici les deux conclusions du travail de cet auteur :

1° *L'urémie, quelle que soit sa forme, donne lieu à un abaissement progressif et considérable de la température centrale.*

2° *Cet abaissement s'accuse de plus en plus à mesure que la maladie approche d'une terminaison fatale.*

L'intensité de l'abaissement thermique est considérable dans l'urémie, les différences de deux ou trois degrés centigrades se rencontrent fréquemment, et on peut même rencontrer une diminution de 7 à 8 degrés. Dans une observation rapportée par M. Bourneville, la température rectale est de 30°1.

Quelques heures plus tard, le malade meurt, et cinq minutes après son décès, le thermomètre introduit dans le rectum ne marquait que 28°4.

Ajoutons que l'algidité centrale n'est pas liée à telle ou telle forme de l'intoxication urémique, mais que c'est bien un fait général et constant, quelle que soit la cause de l'urémie et quelle que soit sa forme.

Il est intéressant de remarquer qu'à côté de l'urémie se trouve l'éclampsie dans des conditions assez semblables à celles de l'attaque apoplectiforme relativement à l'attaque apoplectique. La ressemblance est même telle que certains auteurs, avant les recherches de M. Bourneville, acceptaient l'identité de l'éclampsie des femmes en couche et de l'urémie à forme éclamptique. Cette opinion n'est plus soutenable, et la marche de la température est complètement renversée dans les deux cas.

A ce propos, on nous permettra de remarquer que la puerpéralité semble défavorable à la production de l'algidité centrale. Nous avons déjà indiqué précédemment, à propos de la péritonite, que l'on pouvait observer tantôt de l'élévation, tantôt de l'abaissement de la température centrale dans l'inflammation de la séreuse abdominale, mais que dans la péritonite puerpérale c'était toujours de l'accroissement de la chaleur du corps qui se manisfestait.

Au point de vue du diagnostic, il nous semble important de mentionner les conclusions du travail de M. Bourneville relatives à l'éclampsie des femmes en couche (1) :

« 1° Dans l'*état de mal éclamptique*, la température s'élève depuis le début jusqu'à la fin.

« 2° Dans les intervalles des accès, la température se maintient à un chiffre élevé, et au moment des convulsions on enregistre une légère ascension de la colonne mercurielle.

« 3° Enfin, si l'état de mal éclamptique doit se terminer par la mort, la température continue d'augmenter et parvient à un chiffre très-élevé ; — si, au contraire, les accès disparaissent et si le coma diminue ou cesse d'une façon définitive, la température s'abaisse progressivement et revient au chiffre normal. »

Il est inutile d'insister plus longuement sur l'intérêt clinique de ces recherches. La marche de la température, complètement opposée dans les deux cas, établit une séparation bien nette entre l'urémie et l'éclampsie des femmes en couche, et donne un moyen précis de les distinguer au lit du malade.

Cholémie. — Après avoir parlé des accidents déterminés par la rétention dans l'organisme des substances qui servent à la formation de l'urine, il est logique de dire quelques mots de la cholémie, état morbide caractérisé par la présence dans le sang de la bile en nature ou tout au moins de ses principes fondamentaux.

On possède sur ce point beaucoup moins de documents

que sur l'urémie. Du reste, dans un grand nombre de cas d'ictère simple, la température centrale ne présente pas de modifications notables ; dans les cas graves, il y a élévation du degré thermométrique ; ce n'est donc qu'assez rarement qu'on a lieu de noter l'algidité centrale, qui n'est d'ordinaire que peu marquée et n'aggrave pas le pronostic.

M. le professeur Charcot a été conduit à dire quelques mots sur ce sujet dans ses leçons sur la température, et il pense, avec Leyden et Rœhrig que la présence de la bile dans le sang exerce une action paralysante sur le cœur et peut ainsi déterminer un abaissement de la chaleur du corps. « L'expérimentation a même fait connaître, dans ces derniers temps, quels sont parmi les constituants si nombreux du liquide biliaire ceux qui, à l'exclusion des autres, déterminent le ralentissement des mouvements du cœur et l'algidité centrale. On sait que, contrairement à l'opinion ancienne, la bile tout entière, ou tout au moins ses principes fondamentaux, passent dans le sang dans l'ictère simple, tel qu'il est déterminé par l'occlusion du canal cholédoque. Or, dans cet ictère spontané, comme dans l'ictère expérimental, on retrouve dans le sang et dans l'urine ces éléments fondamentaux de la bile. Dans les deux cas, d'ailleurs, le ralentissement du pouls et l'abaissement de la température centrale peuvent s'observer. »

« Rœhrig (*Archiv der Heilkunde*, 1863) a fait connaître que ces effets sont dus à la présence des acides biliaires : injectés *seuls* dans le torrent circulatoire, ils amènent ce résultat. »

« Au contraire, rien de semblable n'est produit par la cholestérine, les matières colorantes ou les matières grasses. Par cela seul qu'ils ralentissent et affaiblissent les battements du cœur, la présence des acides biliaires dans le sang pourra produire un abaissement de la température, Mais Van Dusch et Kuhne (Virchow, *Archiv*, XIV) ont démontré qu'ils ont aussi la propriété de détruire les globules du sang, et ce dernier effet contribue sans doute pour une bonne part à produire la dépression du chiffre thermométrique (Charcot) (1). »

Septicémie par suppression des fonctions de la peau.—L'intoxication de l'organisme peut se produire dans d'autres circonstances très-particulières auxquelles nous n'avons pas encore fait allusion. Becquerel et Breschet ont fait des expériences qui ont été répétées par Gerlach, Valentin et Edenhuizen. Des animaux sont recouverts d'un enduit imperméable, de façon à supprimer complètement les fonctions de la peau. La température centrale ne tarde pas à s'abaisser, et la mort survient après que ces animaux ont perdu 14 à 18 degrés cent. de leur chaleur normale. Valentin, ayant constaté le ralentissement des mouvements respiratoires, la diminution de l'absorption de l'oxygène et de l'exhalation de l'acide carbonique, échauffa l'air dans lequel vivaient ses animaux en expérience et parvint à retarder, mais non à éviter, le terme fatal. — Edenhuizen a vu aussi qu'un enduit partiel produisait le phénomène partiellement et que s'il occupait la plus grande partie du corps, la mort survenait avec une diminution de la chaleur, de la fréquence du pouls et de la respiration.

Tous ces accidents doivent être rapportés à l'altération du sang produite par la suppression des fonctions de la peau, et l'on ne peut s'empêcher de rapprocher cette intoxication de celle produite par la suppression de l'urine.

Dans la clinique, on ne trouve pas de nombreux renseignements sur ce point; cependant, dans les cas de brûlures très-étendues, on a noté l'abaissement de la température. Peut-être y aurait-il lieu de faire les mêmes recherches dans les affections de la peau généralisées et qui mettent un obstacle aux fonctions du tégument externe.

(1) Charcot. Gazette hebdomadaire, 1869. Leçons sur la température.

2° *Altération du sang par résorption de matières toxiques produites accidentellement dans l'organisme ; septicémie chirurgicale.*

Le travail qui se passe à la surface d'une plaie donne naissance à un certain nombre de composés, dont quelques-uns se produisent également dans la putréfaction des matières organiques. Ces produits varient suivant des conditions multiples, et ils peuvent pénétrer dans l'organisme en quantité plus ou moins grande suivant des circonstances multiples et indéterminées.

Pour faire une étude précise de la septicémie chirurgicale, il faudrait d'abord déterminer exactement les matières septiques qui se produisent à la surface des plaies. C'est là un sujet très-étendu, il faut en effet tenir compte de l'état du sujet et des conditions atmosphériques. Le mode de pansement, l'isolement ou le rassemblement des blessés, l'existence d'une épidémie etc., produisent aussi à coup sûr des modifications dans la composition chimique, des exsudats qui se forment à la surface de la plaie. Ce qui est incontestable c'est que, suivant ces circonstances leur quantité, leur aspect à l'œil nu, leur odeur sont très-variables. Or nos connaissances sont très-restreintes sur ce point, on sait bien qu'il se produit de l'ammoniaque, de l'hydrogène sulfuré, du sulfhydrate d'ammoniaque, etc., mais on n'a pas encore su déterminer la différence de composition de deux liquides purulents dont la résorption donne lieu dans un cas à des accidents mortels et dans l'autre à une fièvre sans gravité. On ne sait pas non plus quels sont les composés absorbés, ni dans quelles proportions s'effectue cette asborption.

Si nous indiquons ces desiderata, c'est afin de bien établir que la septicémie chirurgicale ne constitue pas un type nettement déterminé, mais qu'elle comprend un groupe d'états différents entre eux, mais ayant tous un point de commun : la pénétration de matières putrides dans l'organisme. L'état de la température centrale des sujets septicémiés va confirmer pleinement la distinction que nous faisons entre les diverses septicémies.

Au point de vue de la température il y a toute une classe de septicémies, la plus nombreuses ans contredit, qui est caractérisée par une production exagérée de calorique. Celles-là sont le mieux étudiées; la fièvre traumatique commune est un exemple de ce genre. L'infection purulente, affection dans laquelle les matières délétères peuvent pénétrer dans le sang et par la plaie et par le poumon, constitue un autre type dans lequel on constate une élévation considérable de la température.

Mais, à côté de ces cas, on en rencontre d'autres qui se développent dans des conditions étiologiques assez semblables aux précédentes et qui se trouventcaractérisés par une chute de la température centrale. Enfin l'on trouve des cas intermédiaires dans lesquels le pus peut être résorbé sans déterminer d'oscillations notables du degré de chaleur. M. Billroth a trouvé, en effet, que le pus liquide, retenu pendant longtemps dans les abcès par congestion, y subit des modifications profondes qui lui font perdre en partie son pouvoir pyrogène (1).

C'est principalement dans les cas de gangrène que l'on observe les exemples d'algidité centrale. Elle se produit de préférence dans la gangrène humide, et moins facilement dans les gangrènes par embolie et par thrombose (2) que dans celles qui résultent d'écrasement. Car la circulation profonde peut alors persister pendant longtemps et l'intoxication se produire plus aisément. C'est alors que se

(1) Weber. Pitha's und Bilbroth's Handbuch, etc. Erster Band. Erste Abtheilung, p. 611.

(1) Nous avons cru devoir rapprocher dans cette étude la gangrène spontanée de la traumatique pour plus de brièveté.

produisent les septicémies les plus graves qui paraissent dues à la résorption des produits de putréfaction, tels que le carbonate d'ammoniaque, l'acide butyrique, etc.

Du reste, il semble que la résorption des produits de décompositions s'effectue assez loin dans les tissus gangrenés; c'est du moins ce que prouverait l'expérience de Kussmaul qui injecta de l'iodure de potassium sous la peau d'un membre après la thrombose du vaisseau principal et la cessation apparente de toute circulation dans la partie correspondante. Il constata la présence de l'iodure de potassium dans l'urine après quatre heures et demie (1).

Afin de bien établir (ce que nous avons déjà dit) que des conditions semblables en apparence pouvaient, dans la septicémie, donner lieu tantôt; à une élévation, tantôt à un abaissement de température, nous rapporterons, en quelques lignes, l'observation suivante due à M. le professeur Charcot.

Il s'agit de la gangrène de la totalité d'un membre inférieur. La mort arriva au bout de dix-neuf jours. Il se produisit d'abord des bulles et des plaques de gangrène humide; vers le dixième jour il y avait de larges plaques verdâtres; et, dans les derniers jours, on constatait simultanément de la gangrène sèche et de la gangrène humide, et le pouls était presque insensible. Dans les neuf premiers jours de la maladie, il se produisit une élévation assez notable de la température, il y eut jusqu'à 38°7' c. Dans les sept jours suivants, la température fut à peu près normale, et enfin, dans les trois derniers jours, on constata successivement 36°c., puis 35°6' c., et enfin 34°5' c.

Dans cette observation, et les cas de ce genre ne sont pas rares, on voit donc la résorption des substances gangrenées produire au début l'élévation et à la fin l'abaissement de la température centrale.

(1) Charcot. Loc. cit.

On arrive, du reste, chez les animaux, à produire des résultats très-différents et, *a priori*, fort inexplicables. On peut se reporter aux expériences nombreuses dans lesquelles on a injecté des substances putrides à des animaux et où l'on a constaté tantôt l'élévation de la température se produisant dès le début et persistant pendant toute la durée des accidents, tantôt l'élévation de la température au début des accidents, puis ensuite un abaissement. D'autres fois on a constaté d'abord un abaissement de la chaleur du corps, bientôt suivi d'une exacerbation fébrile. Enfin, dans certains cas rapidement mortels, la température s'abaisse d'une manière constante à partir du momen de l'injection (1).

Tous ces résultats devaient conduire naturellement à étudier isolément l'action des principaux composés que l'on rencontre dans les substances putrides ; c'est ce qu'ont fait Billroth, Weber, Bergmann, etc., et ils ont trouvé que le carbonate d'ammoniaque, l'acide butyrique, l'acide sulfhydrique et le sulfhydrate d'ammoniaque, injectés isolément dans le sang, produisaient un abaissement de la température. Ces renseignements sont très-importants, et ils permettent de comprendre comment il peut y avoir, selon la division de M. Charcot, des septicémies avec fièvre et d'autres avec algidité centrale (2). Ainsi, par exemple, dans le cas de gangrène, dont nous avons donné le résumé, les substances pyrogènes ont d'abord prédominé, puis leur action a été équilibrée, et enfin dépassée par celle du carbonate d'ammoniaque, de l'acide butyrique, de l'acide sulfhydrique, etc.

Comme on le voit, ce sont principalement les gangrènes qui donnent lieu à de l'algidité centrale. La suppuration donne généralement lieu à l'élévation de la température,

(1) Bergmann. Centralblatt, 1869, p. 28.
(2) Charcot. Loc. cit.

et, ici encore, nous ferons remarquer que les septicémies d'origine puerpérale sont toujours dans ce dernier cas.

Quant au mécanisme de la production de l'algidité centrale dans la septicémie, il est à peu près inconnu. Williams l'attribue à certaines modifications des globules du sang, qui perdraient leurs propriétés chimiques, tout en pouvant conserver leur aspect normal. Mais, selon la remarque de M. Charcot, il y a lieu de songer aussi à l'hypothèse d'une action paralysante exercée sur le cœur par les substances putrides résorbées. On observe en général, dans ce cas, une diminution considérable de la force et de la rapidité du pouls, qui tient vraisemblablement à cette cause.

3° *Altération du sang par absorption de substances étrangères à l'organisme.*

Maladies infectieuses. — Dans les maladies infectieuses, comme dans la septicémie chirurgicale, c'est généralement l'élévation de la température que l'on observe, mais il y a des cas très-graves dans lesquels il se produit, même dès le début, un collapsus profond avec algidité centrale, et la mort survient alors très-rapidement. Il y a lieu de rapprocher ces observations cliniques des faits exprimentaux dans lesquels l'injection à des animaux d'un pus putride produit la mort en quelques heures, avec abaissement de la température (Weber).

C'est dans les formes les plus rapides de certaines maladies infectieuses, telles que la fièvre jaune, la peste, le typhus, parfois aussi dans l'intoxication palustre, que l'on observe ce collapsus avec algidité centrale. M. Charcot a signalé le même phénomène dans la variole des vieillards, qui paraît du reste revêtir facilement le caractère hémorrhagique. Toutefois, il convient de remarquer que dans ce cas il n'y a qu'un abaissement peu notable de la chaleur centrale. Généralement, en effet, le collapsus, qui se produit dès le début dans les formes les plus graves de la fièvre jaune, de la peste, du choléra, est caractérisé par un état subsyncopal et par un refroidissement de la peau si prononcé que son contact peut donner une sensation de froid analogue à celle du marbre. Dans ces cas, la température centrale est généralement à l'état normal, ou du moins s'en éloigne très-peu. Cependant il peut produire un abaissement considérable de la température. Nous rappellerons ici quelques faits de ce genre, observés par M. le professeur Lorain pendant l'épidémie de choléra de 1866. Il a vu ainsi la température centrale descendre chez des cholériques beaucoup au dessous de la normale.

C'est principalement dans la période de collapsus que s'observe cette diminution de la chaleur du corps dans le choléra, mais on peut aussi la voir se produire dans la période de réaction; dans les deux cas, elle est d'un pronostic également fatal.

Venins. — Les recherches faites sur ce point ne nous fournissent que très-peu de renseignements. On n'a guère observé que la température extérieure; toutefois, surtout dans les cas graves, il s'est produit des phénomènes de collapsus qui permettent de supposer que dans ces cas il y avait en même temps refrodissement des parties centrales. Il est possible du reste que les différents venins présentent des différences dans leur action sur l'organisme. Cependant il nous semble permis de supposer que la plupart des venins exercent une action paralysante sur le cœur.

Dans l'observation suivante, que nous reproduisons complètement à cause de son importance, cette interprétation nous semble confirmée par la concordance de la diminution des pulsations et de l'abaissement de la chaleur centrale.

Obs. III. — Cas de morsure de serpent (Cobra) traité avec succès par la succion, la potasse et l'eau-de-vie. Par John Shortt, Dr médecin, chirurgien de l'armée indienne, etc. Lancet, 16 avril 1870, p. 540.

Un indigène, nommé Goorooven, qui avait l'habitude de m'apporter des serpents (Cobra), vint le 8 janvier 1870, et se présenta chez moi vers midi, accompagné d'un de ses amis qui apportait un cobra frais et vigoureux de plus 5 pieds de long, dans un vase fermé. L'ami de Goorooven me montra le reptile, puis, je l'engageai à le mettre de côté et à entrer dans la maison. Quelques minutes après, mon péon vint dans la verandah, et dit : « il est mordu. » Je courus dehors, et le péon me montra Goorooven qui était sur l'escalier de la maison, les mains pendantes, tenant dans l'extension l'index de la main gauche, d'où sortait du sang par deux points situés sur le dos de la seconde phalange. Je retirai le lorgnon de mon cou pour aller plus vite, et coupant le cordon auquel il était attaché, je fis une ligature circulaire à la base du doigt blessé et une autre au poignet. Prenant alors un un canif dans ma poche, je fis des ouvertures d'un quart de pouce au niveau des morsures ; j'appliquai successivement ma bouche à chacune des blessures, et je suçai vigoureusement plusieurs bouches pleines de sang. Pendant ce temps un bassin d'eau froide ayant été apporté, les blessures furent bien lavées, et j'appliqual largement sur chacune d'elles de la liqueur potassée. Ensuite, je donnai au malade 3 onces d'eau-de-vie, avec demi-drachme de solution de potasse, et je plaçai deux nouvelles ligatures, l'une au niveau du coude, l'autre en haut, autour du bras, toutes deux aussi serrées que possible, de façon à interrompre la circulation dans le membre ; puis, regardant à ma montre, je vis qu'il était midi 25 minutes. Je commandai ma voiture, et y plaçant le malade je me dirigeai vers l'hôpital général où nous arrivâmes à midi 40 minutes.

Le Dr Thomas vint bientôt, et, avec beaucoup d'amabilité, me permit de continuer le traitement. A ma demande, M. Hallen, le pharmacien de service, prit des notes sur la température et le pouls, et rédigea une observation complète qui, j'en suis sûr, sera lue avec intérêt par mes confrères. Je demeurai cinq heures à l'hôpital, et retournai ensuite chez moi. Je vins voir de nouveau le malade à 8 heures 30 minutes, et le laissai aux soins de M. Hallen à 9 heures 30. Le malade était à ce moment complètement ivre par les effets de l'eau-de-vie ingérée et parlait d'une façon incohérente. Le lendemain, matin je me rendis à l'hôpital général, et je fus heureux de trouver Goorooven complètement remis et parcourant la verandah ; mais la main et l'avant-bras étaient gonflés. Le cas passa à ce moment à M. Cockerill, le chirurgien de l'hôpital général, suivant la coutume usuelle dans cet établissement.

Voici le rapport de M. Hallen :

« Goorooven, âgé de 30 ans, de la caste de Jogee, profession de preneur de serpents, tempérament sanguin, fut admis à l'hôpital le 8 janvier 1870, à midi 40 minutes, Il avait été mordu gravement par un cobra, dans la maison du Dr Shortt, pendant qu'il enfermait le reptile dans un vase. Presque immédiatement on fit des incisions à l'endroit des morsures et on pratiqua la succion. Des ligatures furent étroitement appliquées autour de l'aisselle, du poignet et de l'index de la main gauche. Le sujet avait été mordu sur la seconde phalange de ce doigt. Après son entrée, on plaça un tourniquet au niveau de l'insertion du muscle deltoïde ; on ouvrit deux grosses veines sur le dos de la main gauche, et l'on fit immerger les mains dans un bassin contenant deux drachmes de liqueur potassée pour un galon d'eau.

2 heures. P. 60. On ordonne, eau-de-vie, 1 once; liqueur potassée, demi-drachme ; eau, 1 once.

Immerger la main dans de l'eau chaude contenant une demi-once de liqueur potassée par galon d'eau.

2 heures 15 minutes. P. 64. Continuer eau-de-vie, etc.

2 heures 30 minutes. P. 66. Continuer, etc.

2 heures 45 minutes. P. 64. Eau-de-vie 1 once et demie; liqueur potassée, demi-drachme; eau 1 once.

3 heures. P. 60. Eau-de-vie, 2 onces; liqueur potassée, demi-drachme; eau, 1 once.

3 heures 52 minutes. Pouls 62 (nihil).

3 heures 30 minutes. Le malade se trouve sous l'influence de l'alcool. La ligature autour de l'aisselle est enlevée; s'en plaint beaucoup. Pupille normale. Pouls 65. T. 92 F. ou 33°, 4 c. Chloroforme en friction sur la partie douloureuse. Donner eau-de-vie, demi-once ; liqueur potassée, 15 minimes ; eau, 1 once.

3 heures 45 minutes. P. 63. Continuer l'eau-de-vie, etc.

4 heures. P. 66. T. 88° F. ou 31° 2 c. Pupille normale. Est encore sous l'influence de l'alcool. Se plaint toujours d'une douleur qui est très-violente dans le bras. Continuer chloroforme, eau-de-vie, etc.

4 heures 15 minutes. Douleur un peu diminuée. P. 66. R. 30. Continuer.

4 heures 30 minutes. T. 88 F. ou 31° 2 c. P. 64. Pupille normale. Tendance au sommeil ; il est maintenu éveillé par la douleur dans le bras, qu'il déclare intense, et demande qu'on lui enlève le tourniquet. Veines saignant beaucoup. Continuer frictions, etc.

4 heures 45 minutes. P. 56. R. 26. Pupille dilatée. Douleur un peu diminuée. Toujours sous l'influence de l'alcool.

5 heures. Pas de changement ; tourniquet enlevé. Continuer l'eau-de-vie.

etc., à chaque demi-heure, et tenir le malade modérément sous l'influence de l'alcool. Hémorrhagie arrêtée par des compresses de Lint et un bandage ; main à immerger dans de l'eau froide contenant 1 once de liqueur potassée pour un galon d'eau.

5 heures 15 minutes. P. 84. R. 20. T. 90o F. ou 32° 3 c. Pupille dilatée. Donner au malade, eau-de-vie demi-once; liqueur potassée, 15 minimes; eau, 1 once (répéter si besoin est).

6 heures 15 minutes. P. 86 (plein et bondissant). R. 24. T. 88° F. ou 31° 2 c. dans l'aisselle correspondant à la main malade, et 94° 5 F. ou 34° 8 dans l'aisselle saine. Pupille normale. Il est bruyant.

7 heures 15 minutes. P. 108. T (aisselle saine), 97° F ou 36° 2 c. (aisselle malade). 94° F. ou 34° 5 c. Se plaint d'une grande douleur dans la main mordue. Aucune hémorrhagie, excepté celle de la morsure.

8 heures. Hémorrhagie arrêtée par petite compresse et bandage. On lui donne une pinte de *congee*. Il est plus tranquille.

9 heures. Se plaint de grande douleur. Donner eau-de-vie, 1 once; liqueur potassée, 15 minimes; eau 1, once. Friction chloroformée.

10 heures. Semble être dans une grande angoisse, grince des dents, frappe du pied sur le sol, de sorte que l'on ne peut prendre sa température. P. 104. Pupille dilatée. Friction chloroformée.

Minuit. Le malade est plus tranquille, n'accuse aucune douleur, urine pour la première fois depuis son entrée. T. (aisselle droite), 99° F. ou 37° 3 c., et (aisselle gauche) 100° F. ou 37° 8 c. P. 108 Pupille moins dilatée. On donne une demi-pinte de soogee-congee toutes les deux heures.

1 heure. Pupille normale. P. 108. T. (aisselle gauche) 101° F. ou 38° 4 c.

5 heures. Pupille normale. P. 108. T. (aisselle droite) 100° F. ou 37° 8 c. Le malade urine.

2 heures. P. 112. T. (aisselle gauche) 100° F. ou 37° 8 c.

2 heures. P. 112. T. (aisselle droite) 100° F. ou 37° 8 c.

4 heures. P. 112. T. (aisselle gauche) 100° F. ou 37° 8 c.

4 heures. P. 112. T. (aisselle droite) 98° 5 F. ou 36° 9 c. Pupille normale. Se plaint de douleur dans la main mordue et demande que son bandage lui soit retiré.

A 8 heures, le cas passe à M. Cockerill.

(Le 9 janvier). Le malade ne resta pas 24 heures aux mains de M. Cockerill, et prit de la liqueur potassée par doses de 15 minimes avec 1 once d'eau-de-vie toutes les quatre heures. Il prit en tout 1 once de liqueur potassée et 6 onces d'eau-de-vie. Les bandages furent enlevés, et une lotion au zinc fut appliquée sur la main.

Le 10 janvier. Le malade ayant quitté l'hôpital sur sa propre demande, se présente chez moi à 9 heures. Avant-bras et main gonflés. Trois ou quatre petites ampoules d'une pièce 12 sous sur le dos de la main. Plaie ressemblant à une eschare. Je lui recommande de fréquentes immersions de la main dans l'eau chaude et de supporter cette dernière avec une écharpe.

Le 11 janvier. Même gonflement de l'avant-bras, mais pour tout le reste le malade se sent bien. Eau-de-vie, 1 once; pansement à l'eau pour la blessure.

Le 13 janvier. Gonflement persistant de l'avant-bras et de la main. Les deux dernières phalanges de l'index sont mortifiées; la partie semble noire. État général bon.

Le 15 janvier. Est tout à fait bien. Le gonflement de l'avant-bras a disparu; il persiste encore un peu sur le dos de la main. Les deux dernières articulations de l'index sont complètement noires; la séparation des tissus morts d'avec les vivants commence à se faire au sommet de la troisième articulation. Je recommande de faire enlever les articulations mortifiées, ce à quoi le consent. Cela sera effectué dans un jour ou deux.

Substances médicamenteuses : *Alcool.* — L'alcool est un poison qui, pris à dose toxique, produit des phénomènes connus sous le nom d'ivresse alcoolique. Son usage immodéré pendant un certain temps donne lieu à des altérations variées des différents organes et se traduit par des troubles fonctionnels multiples, en rapport avec ces lésions. Il ne sera guère question ici que de l'alcoolisme aigu, premier état auquel nous avons fait allusion. Quant à l'alcoolisme chronique, nous n'en dirons que peu de choses. Wunderlich (1) fait remarquer que, chez les buveurs, la température est en général plus basse que chez les autres hommes, et dans les affections fébriles et non fébriles il n'est pas rare de voir se produire chez eux des symptômes de collapsus avec abaissement de la température centrale.

Un des premiers phénomènes de l'absorption de l'acool est l'abaissement de la température centrale. C'est ce qui résulte des expériences de Duméril et Demarquay (2). Il semble probable que ce résultat est dû à la diminution des échanges nutritifs, comme paraissent le prouver les expé-

(1) Wudnerlich. Loc. cit., p. 139.

(2) Recherches expérimentales sur les modifications imprimées à la température animale par l'alcool, l'éther et le chloroforme. Paris, 1848.

riences de Manassin (1). Il injecte à des lapins des substances putrides et observe une élévation de la température. Répétant la même expérience sur des animaux préalablement narcotisés par la morphine ou par l'alcool, il n'observe plus d'élévation de température. Cette explication repose également sur les observations de Prout, Lehmann, Vierordt, Berzélius ,qui ont trouvé que l'usage de l'alcool produisait constamment une diminution dans la quantité d'acide carbonique exhalé. Il est vrai que Tiedman et Gemlin, Lassaigne et Millon ont constaté dans les mêmes circonstances une augmentation de la quantité d'urée, mais on n'ignore pas qu'il n'y a pas un rapport constant entre l'élévation de la chaleur et l'excrétion de l'urée.

Enfin, c'est sans doute à ce ralentissement dans les échanges nutritifs que produit l'absorption de l'alcool qu'il faut attribuer le succès de ce médicament dans les cas de morsures des reptiles vénimeux. C'est Williams Paterson qui signala le premier ce fait en 1791. Paterson a vu en effet les cafres qui l'accompagnaient guérir de la morsure des serpents vénimeux en prenant à hautes doses un mélange de vin de Madère et d'eau-de-vie (*Dictionnaire encyclopédique des sciences méd.*, p. 600).

Dans l'une de leurs expériences, Duméril et Demarquay ont pu noter, au bout de trois heures, une diminution de 9° 6 c., chez un chien auquel ils avaient fait prendre 125 grammes d'alcool.

MM. Lallemand, Perrin et Duroy (2), sont arrivés à des résultats analogues. Ils ont constaté, entre autres faits, qu'après l'injection de 90 grammes d'alcool dans l'estomac d'un chien, la température centrale se trouvait être au bout de sept heures, à 35 degrés. — Edward Smith indique aussi un refroidissement du corps dans les mêmes circons-

(1) Wjatscheslau Manassin, in Centralblatt, 1869, p. 48.
(3) Du rôle de l'alcool et des anesthésiques dans l'organisme. Paris, 1860.

tances. — S. Ringer et W. Richards (1) sont arrivés à des résultats qui concordent avec les précédents. — M. Marvaud, professeur agrégé au Val-de-Grâce, a vérifié sur lui-même ces expériences (2); il a constaté que, 15 minutes après l'ingestion de 100 à 150 grammes d'ean-de-vie, le thermomètre appliqué dans l'aisselle marquait une descente de 5 à 8 dixièmes de degré, descente qui continuait et parfois allait en s'accentuant davantage pendant plus d'une heure. — Regnard et Godfrin, dans une thèse soutenue par ce dernier en 1869, ont fait des expériences sur eux-mêmes (3), et dans chacune d'elles le thermomètre appliqué au rectum descendit sous l'influence de 150 grammes d'eau-de-vie ingérés par les deux observateurs, et en une heure, de 1° 1, pour le premier, et de 0° 5, pour le second.

M. Magnan a experimenté danst le même sens sur des chiens, et a noté un abaissement de température pouvant aller jusqu'à 3° 5, après qu'il les avait plongés dans une ivresse alcoolique d'intensité moyenne et insuffisante pour amener la mort. Dans ces observations, la température était prise au rectum une heure après le repas.

Enfin, Cuny Bouvier (4) a vu, de 2 heuros à 5 heures après-midi, à la suite de l'injection de 25 à 80 centimètres cubes d'alcool, la colonne thermométrique descendre de 0° 2 à 0° 6.

M. Magnan (5) rapporte aussi, à cet égard, une observation remarquable, recueillie par M. Duguet, dans laquelle l'abaissement de température produit par l'alcool et le froid a été de près de 11°.

(1) On the mode of action of alcool in the treatment of diseases. Lancet, 1861.

(2) Morvan. Etudes sur l'alcool. Recueil de médecine et de pharmacie militaires, 1872.

(3) Godfrin. Thèse de Paris, 1869.

(4) Thèse de Bonn, 1872.

(5) Magnan. Etudes expérimentales et cliniques sur l'alcoolisme, Paris, 1871.

Toutes ces données expérimentales concordent parfaitement avec les faits cliniques. Nous publions à ce sujet, *in extenso*, une observation importante de M. Bourneville.

Obs. IV.— Alcoolisme; abaissement de la température, par M. Bourneville. (Observation inédite).

Jacob (Michel-Alphonse), âgé de 51 ans, boulanger, 21 rue Mouffetard, a été trouvé au Jardin des Plantes dans un état d'ivresse comateuse; à côté de lui on a trouvé un litre vide qui avait contenu de l'eau-de-vie. On le déposa sous un hangard de l'hôpital de la Pitié, couché sur un brancard. *Deux heures après*, cet homme était encore dans un état semi-comateux; il n'avait pas vomi, mais il s'écoulait de sa bouche une grande quantité de salive mousseuse. Dès qu'on essaie de le remuer, *il grogne*, prononce quelques injures et cherche à écarter les personnes qui l'entourent. Au dire du garçon de chantier, cet homme serait mieux qu'il y a deux heures. Alors il était comme une masse inerte et ronflante. Température rectale prise avec soin, — le thermomètre étant *bien enfoncé* et étant resté plus de cinq minutes en place égale 36°. Vers la troisième minute alors que la colonne mercurielle était déjà depuis quelques instants à 36°, cet homme s'est agité, la colonne mercurielle a monté à 36° 1/10 puis est descendue à 36°, lorsqu'il est redevenu tranquille. Le thermomètre a été retiré quand depuis plus de deux minutes la température était à 36°. Je n'ai pu compter le pouls ni aux radias, ni aux carotides, etc., parce que le malade s'agitait et grognait aussitôt.

Il aurait pris une assez grande quantité d'eau-de-vie dans l'intention de se suicider parceque, depuis quelque temps il est sans ouvrage, qu'il n'a pu payer son terme, que son propriétaire l'a mis à la porte et qu'il a été obligé de vendre ses meubles. — On l'a transporté dans la salle de consultation et le soir (10 avril) il est sorti, manifestant l'intention de recommencer.

A cette observation si intéressante, nous croyons devoir joindre la suivante, malgré le doute que l'on est obligé de conserver sur l'existence de l'ivresse alcoolique :

Obs. V. — Ivressse probable. Etat comateux. Algidité centrale. Mort sans retour à la connaissance. Autopsie. Par M. Magnan.

Pocemelle (Léon), âgé de 33 ans, entre à Sainte-Anne le 1878. — Etat semi-comateux. Bredouillement, paroles incompréhensibles. Pouls petit, réquent, extrémités froides. A l'entrée, T. R. 30° à 6 heures du soir.

T. R. — 31° 2/5 8 heures.

T. R. — 35° 1/5 à 10 heures du matin le lendemain.

On donna au malade du vin chaud, dès son arrivée, on lui fait prendre du thé. Toute la journée l'état demi-comateux persiste; le malade repousse ses couvertures, s'agite et marmotte des paroles inintelligibles. On ne fait pas de nouvelles explorations thermométriques. La mort a lieu le 15 à minuit.

Autopsie OEdème des méninges qui ont un aspect gélatineux, une teint grisâtre. Couche corticale pâle et décolorée, masse cérébrale molle et comm imbibée de liquide. Ventricules latéraux dilatés et renfermant une sérosité un peu louche, vaisseaux non athéromateux, cependant aorte athéromateuse vers la face.

Cœur. Mou, flasque, chargé de graisse.

Poumons. Engoués à la base.

Foie. Gros.

Reins. Jaunâtres.

L'absence de renseignements sur ce malade ne nous permet pas d'affirmer qu'il s'agisse de l'ivresse alcoolique. Nous devons toutefois tenir compte des résultats de l'autopsie qui semblent favorables à cette hypothèse.

Dans l'état fébrile, l'absorption de l'alcool produit aussi un abaissement de la température. Les Anglais sont les premiers qui aient attiré l'attention sur ce point, et M. Charcot y insista dans les leçons cliniques qu'il fit, en 1866, à la Salpêtrière (1). C'est principalement lorsqu'il s'agit d'une affection à courbe thermométrique régulière, telle que la pneumonie, que la vérification de ce fait est facile. M. Béhier confirmait ces données tout dernièrement encore, dans une leçon clinique faite à l'Hôtel-Dieu.

Nous nous sommes étendu sur l'abaissement de la température produit par l'alcool, non-seulement parce que cet agent est employé en thérapeutique, mais surtout parce que l'usage et l'abus excessif que l'on en fait journellement donnent lieu à des états pathologiques dans lesquels l'examen de la chaleur du corps peut être fort utile.

D'autres agents médicamenteux produisent aussi l'abais-

(1) Charcot. Loc. cit.

sement de la température; nous ne ferons que mentionner *la digitale*, *le sulfate de quinine*, *le tartre stibié*, *le calomel*, *le deutochlorure de mercure*, *la morphine*, *l'aconitine*, *l'atropine*, *l'acide cyanhydrique*, et d'une manière générale tous les acides (1). Il importe cependant de bien distinguer le froid périphérique de la véritable algidité centrale. Ce n'est peut-être pas ce que l'on a toujours fait. Ainsi, dans l'empoisonnement par l'acide sulfurique, on peut trouver dans le rectum une température normale, ou même sus-normale (38°,3 centigrades, une heure et demie après l'accident (Mannkopf), tandis que dans l'aisselle le thermomètre pourra donner les chiffres de 35°,3 et même de 34°,5 c. (2). Le phosphore agit comme les acides; mais il convient d'ajouter qu'il se transforme dans l'organisme en hydrogène phosphoré et en acide phosphorique, et que l'abaissement de température qu'il produit à dose toxique dans la première période de l'empoisonnement doit être rapporté à l'action de l'hydrogène phosphoré. (3)

Enfin nous mentionnerons, en terminant, l'abaissement de la température qui se produit pendant l'anesthésie par l'éther et le chloroforme. MM. Duméril et Demarquay l'avaient déjà noté dans leur travail précédemment cité. Différents travaux, et en particulier ceux de M. Bœckel (4), ont démontré que, quand l'anesthésie était maintenue pendant longtemps, il pouvait se produire une diminution assez considérable de la chaleur centrale; dans les expériences sur des animaux, lorsque l'anesthésie était poussée jusqu'à produire l'insensibilité complète du globe de l'œil, la température baissait d'environ deux degrés, et dans deux cas, où l'anesthésie dura une demi-heure, l'abaissement thermométrique a été de trois degrés.

(1) Brown-Séquard. Société de Biologie, 1849, p, 102.
(2) Oscar Wiss. Archiv. der Heilkunke, 1869, p. 193.
(3) Lécorché. Archives de physiologie, 1869, n. 1, p. 109.
(4) Dict. de méd. et de chirurg. pratiques. Art. Chloroforme.

Le chloral produit des effets analogues.

Une anesthésie passagère n'amène chez l'homme qu'un abaissement de quelques dixièmes de degré, Mais, dans les opérations chirurgicales, il y a lieu, en outre, de tenir compte, comme nous l'avons vu précédemment, et de la quantité de sang que perd l'opéré, et du choc qui peut résulter de l'opération.

TABLE DES MATIERES.

Paris. A. Parent, imprimeur de la Faculté de Médecine, rue Mr-le-Prince, 31.

www.ingramcontent.com/pod-product-compliance
Ingram Content Group UK Ltd.
Pitfield, Milton Keynes, MK11 3LW, UK
UKHW020314220726
13923UKWH00003B/1153